U0389164

吸水型下沉复合式绿地关键技术研究

杨　涛　师鹏飞　王思媛　陈徐东　著

科学出版社

北　京

内 容 简 介

本书以济南市为研究区，在考虑济南市应用下沉式绿地的气候条件和空间条件的情况下，将绿色环保无污染、成本低的高吸水性树脂应用到下沉式绿地中，探讨了下沉式绿地结构中人工复合土壤在不同铺设深度、铺设位置以及不同混合比条件下，土壤水分入渗的累积入渗量、入渗率以及湿润深度的动态变化规律，研究了人工复合土壤的重复利用效率、平均脱水时间规律，揭示了分层复合下沉式绿地产流的临界雨强，探讨了其雨水水质净化效果。

本书可作为高等院校和科研院所相关专业研究生的学习用书，也可为海绵城市建设及水资源利用相关研究提供一定的参考。

图书在版编目(CIP)数据

吸水型下沉复合式绿地关键技术研究/杨涛等著. —北京：科学出版社，2020.6

ISBN 978-7-03-065347-5

Ⅰ.①吸… Ⅱ.①杨… Ⅲ.①城市绿地-吸水性-地面沉降-研究-济南 Ⅳ.①S731.2

中国版本图书馆 CIP 数据核字(2020) 第 096917 号

责任编辑：惠 雪 沈 旭／责任校对：杨聪敏
责任印制：张 伟／封面设计：许 瑞

科学出版社 出版
北京东黄城根北街 16 号
邮政编码：100717
http://www.sciencep.com

涿州市京南印刷厂印刷
科学出版社发行 各地新华书店经销
*
2020 年 6 月第 一 版 开本：720×1000 1/16
2020 年 6 月第一次印刷 印张：6 3/4
字数：137 000

定价：69.00 元

(如有印装质量问题，我社负责调换)

前　　言

随着社会文明、经济发展和科技的进步，我国目前已经进入城市化发展的高峰期。据 2017 年的统计资料，我国人口的城市化率已经达到 58.5%，是近 30 年来城市化增长最快的国家之一。随着城市化的发展，城市的各项设施越来越完善，吸引着乡镇居民不断地涌向城市，并在城市中聚集，导致城市人口密度越来越大。城市化在提高城市居民生活水平、带动城市经济发展的同时，也带来了一系列负面影响，如水资源短缺、城市内涝等问题。2007 年 7 月 18 日，济南市遭受特大暴雨袭击，同年，重庆遭受 115 年来最强雷暴雨袭击，均造成多人伤亡和重大财产损失；2010 年，广州暴雨使多处街道被水淹没，城市交通严重瘫痪。自 2004 年以来，北京基本每年都会发生几次极端天气，有时降雨超过 70mm/h，强度大，历时短，给城市的安全运行带来极大的威胁。

海绵城市以低影响开发建设 (low impact development，LID) 模式为基础，以防洪排涝体系为支撑，充分发挥城市景观对雨水径流的自然积存、渗透、净化和缓释作用，实现城市水资源的合理利用，减缓或降低自然灾害和环境变化的影响，保护和改善水生态环境。海绵城市的建设途径主要包括三个方面：一是对城市原有生态系统的保护。最大限度地保护原有河流、湖泊、湿地、坑塘、沟渠等水生态敏感区。二是生态恢复和修复。对传统粗放式城市建设模式下受到破坏的水体和其他自然环境，运用生态手段进行恢复和修复。三是低影响开发。在城市建设区综合应用多种低影响开发设施，使城市开发建设后尽量接近于开发建设前的水文状态。

《国务院关于加强城市基础设施建设的意见》(国发〔2013〕36 号) 中指出，建设下沉式绿地有提升城市绿地汇聚雨水、蓄洪排涝、补充地下水、净化生态等功能。2014 年 10 月 22 日，住房和城乡建设部对外印发《海绵城市建设技术指南——低影响开发雨水系统构建 (试行)》(以下简称《指南》)。根据该《指南》，今后城市建设将强调优先利用下沉式绿地等“绿色”措施组织排水，并从“源头减排、过程控制、系统治理”着手，通过城市规划、建设的管控，综合采用“渗、滞、蓄、净、用、排”等工程技术措施，将人工措施与自然途径相结合，在确保城市排水防涝安全的条件下，最大限度地促进雨水资源的利用及生态环境的保护，将城市建设成“自然积存、自然渗透、自然净化”的“海绵体”。由此可见，在城镇化建设中，下沉式绿地在提升城市绿地的水文调蓄功能方面有着十分重要的意义。2015 年，财政部、住房和城乡建设部、水利部联合启动了海绵城市建设试点工作，并在首批 16 个试点城市中进行初步摸索。济南市作为海绵城市的第一批试点城市，在全国率先开展低影响开发及海绵城市的探索和实践。

当前低影响开发的建设管理实践中，吸收借鉴国外西方城市经验的多，考虑国内城市自身实际的相对不足。许多海绵体在建设初期还可以发挥不小的作用，但是在使用一段时间后就会水土不服，难以正常运行。目前，对下沉式绿地海绵体的研究仍停留在传统研究的层面，对于在海绵体中引入新型吸水材料的研究也只停留在初步探索阶段。因此，为解决北方半湿润城市普遍面临的汛期洪涝灾害频繁发生、非汛期水资源短缺、水质恶化、水生态退化等问题，迫切需要革新原有海绵城市的方法、技术和理论，研发新型海绵体。

引入新型吸水材料到海绵体中可以在不增加空间、低成本的前提下，增加下沉式绿地的雨洪调蓄能力，还可以解决北方城市园林绿化雨水浇灌问题，对我国海绵城市建设具有重要意义。本书内容以北方半湿润区海绵城市的代表和试点城市济南作为典型，研究适用于北方半湿润城市的新型海绵体的建设工艺和技术，以提高城市基础设施 (道路、草地、建筑物等) 蓄水和调控能力，增强雨水收集和自净能力，减少城市面源污染，改善水质和水生态，创新防洪排水、雨水资源利用和水质改善的综合利用模式，破解北方半湿润城市的水安全保障难题，为城市防灾减灾、水资源利用、水质改善与生态修复重建等提供重要基础，研究成果具有广阔的市场应用前景。

本书涉及的研究工作得到国家自然科学基金面上项目和山东省齐鲁集团科研项目的支持，在此一并表示衷心感谢。同时，对在书稿撰写过程中参考的国内外文献的作者表示感谢。特别感谢家人、朋友和同事在本人学习、工作中长期给予的关心和支持。

海绵城市建设、城市水务工程等相关领域的研究内容非常丰富，限于作者的学识和水平，书中难免存在疏漏之处，恳请读者和学界同行不吝指出。

杨　涛

2019 年 12 月 15 日

目　　录

第1章 绪　　论

随着城市化快速发展，城市普遍面临的汛期洪涝灾害频繁发生、非汛期水资源短缺、水质恶化、水生态退化等问题日益突出，而现有海绵城市的理论和建设方法不能有效解决上述问题，迫切需要革新原有“海绵城市”的理论、技术和方法。本章简要阐述当前“海绵城市”的建设进程、下沉式绿地结构及高性能吸水树脂的发展现状，重点关注高性能吸水树脂在“海绵城市”建设中的应用。

1.1 “海绵城市”建设

自 20 世纪 70 年代以来，全球范围内雨洪灾害频发、水资源短缺，城市对待雨水管理的态度从原本的“快速、高效的工程排水”向“雨水蓄渗、缓排、利用”的方向发展 [1]。国外的城市雨水利用研究起步比较早，一些西方国家对城市雨洪的控制进行了许多有益的探索，特别是在一些发达国家中城市雨洪控制和利用的方法已经得到非常好的成果 [2−5]。

早在 20 世纪 70 年代，美国国家环境保护局就提出了最佳管理模式 (best management practices，BMP) 的概念，BMP 以被用于美国非点源污染控制的方式进入了人们的视野中，随着时间的推移，BMP 逐渐完善，已发展到利用综合措施去解决水质、水量及水生态的问题 [6,7]。BMP 强调将绿色生态技术和非工程管理方法相结合，它以控制洪涝灾害及洪峰流量为目标，坚持生态可持续战略，采取去除污染物和控制水量的措施处理降水。美国国家环境保护局同时制定了许多措施及相应的法规来督促 BMP 措施的实施，并用不同的标准来衡量 BMP 措施的结果，以此来保证实施效果。其他国家和地区也因地制宜，制定了适合自己国家和地区的 BMP 指南。例如，丹麦和瑞典根据自身形势推行了将水文考察、管理制度改革、公共景观设计及环境整合相融合的 BMP 研究 [8,9]；美国费城要求设计重现期至少为 1 年。到目前为止，最佳管理模式的措施已经在德国、新西兰和南非等国家和地区得到广泛应用，并且都产生了良好的效果 [10,11]。

日本一直非常重视对雨水的收集利用和处理，20 世纪 80 年代就成立了“日本雨水贮留渗透技术协会”，开始推行雨水储存蓄渗计划，在房屋上安装一系列雨水收集设施，用于灌溉、冲厕、消防等，甚至对收集到的水进行处理后作为饮用水使用 [12,13]。

20 世纪 90 年代初期，美国马里兰州乔治王子县环境资源署首次提出了低影响开发(low impact development，LID) 理念。LID 旨在利用低成本、小型、本土化的雨水控制与利用措施并结合城市景观功能来模拟自然水文循环 [14]。LID 采用绿色屋顶、植草沟、雨水塘等节省投资，减少径流污染，并通过控制径流的方式达到控制雨洪的目的 [15−17]。如今，LID 理念已经被日本、瑞典、加拿大、新西兰等多个国家所接受并得到广泛的应用。

20 世纪 90 年代中期，澳大利亚提出水敏感城市设计 (water sensitive urban development，WSUD)，与其他的管理系统不同，WSUD 不仅是对雨水的收集与管理，而且将雨水、饮用水、污水管理等与城市水文循环结合到一起，其中雨水的管理利用是城市开发的关键所在 [18]。2000 年，“水敏感城市设计 —— 城市区域的可持续排水系统” 会议召开，其核心是城市生态系统，注重水质的改善，把雨洪管理和城市给排水及城市规划相结合，维持城市水资源的良性发展 [19]。

20 世纪 90 年代末期，英国针对当时的排水系统造成的地表及地下径流污染以及洪涝灾害产生的问题提出了可持续排水系统 (suatainable urban drainage systems，SUDS) 理念。SUDS 理念强调了人与自然的和谐发展，将水质、水量及景观娱乐综合考虑设计，使地区的水文系统得到优化 [20]。目前，SUDS 理念在许多国家的水资源利用与保护及雨洪控制管理方面起到了很好的效果。

在 2005 年，印度学者 Hugh 提出 “海绵城市” 的概念。“海绵城市” 就是在低影响开发的理念上，通过将雨水暂时存储起来的方式减缓城市的排水负担，延长雨水的下渗时间，同时使更多的雨水能够顺利地进入地下。下雨时能够吸水、蓄水、渗水、净水，需要时可以将蓄存的水 “释放” 出来，使城市具有良好的 “弹性”[21]。2013 年，联合国减少灾害风险办公室在报告中建议将建设 “弹性城市” 作为应对自然灾害的有效措施来推广，如今 “海绵城市” 在国外许多城市都已有成功的案例。德国的 “海绵城市” 建设得益于发达的地下管网系统、先进的雨水综合利用技术和规划合理的城市绿地建设，其开发的水洼渗透渠组合 (mulden rigolen，MR) 系统享誉国际，通过将雨水在低洼草地中短期储存和在渗渠中长期储存的方式，延长雨水的下渗时间，保证最多雨水下渗，利用水洼和渗水沟系统对雨水进行简单处理后，再进行灌溉、冲厕、浇灌等回用，使德国的 “海绵城市” 建设颇有成效 [22]。瑞典和丹麦推行将水文考察、公共景观设计、管理制度改革、环境整合等相融合的 “雨水最佳管理实践” 研究；罗马人通过在屋顶上建造雨水收集设施收集雨水，并将其引入蓄水池中以备使用 [23]。

2002 年，我国颁布了《健康住宅建设设计要点》，其中强调，在住宅小区的雨水聚集及利用过程中，应该因地制宜。在道路的次干道或者人行道上应用透水铺装，以达到渗透雨水，同时削减洪峰流量的作用。2006 年，我国颁布的《绿色建筑评价标准》(GB 50378—2006) 中对卫生洁具的用水量及用于道路浇洒的水质、水量等都做了明确的规定。同时，该标准对注重资源环境的可持续利用以及节能环保方面做了相关要求，为我国“海绵城市”的提出奠定了基础。2006 年，中华人民共和国建设部和中华人民共和国国家质量监督检验检疫总局发布了《建筑与小区雨水利用工程技术规范》(GB 50400—2006)，该规范对雨水的水质水量、收集利用方式、雨水系统类型的选择及土壤入渗等方面做了明确规定，提出了初步解决方法，为相关设计人员提供了新思路。

我国“海绵城市”概念的首次提出是在深圳召开的“2012 低碳城市与区域发展科技论坛”中。相对于国外而言，我国城市雨水利用设施建设起步较晚，且主要集中在小型、局部缺水地区[24]。2013 年 12 月 12 日，习近平在中央城镇化工作会议上发表讲话，提出“建设自然积存、自然渗透、自然净化的‘海绵城市’”，引发了围绕“海绵城市”的研究热潮。2015 年，财政部、住房和城乡建设部及水利部联合发布了 2015 年“海绵城市”建设试点名单。仇保兴[25]认为“海绵城市”的目标在于让城市“弹性适应”环境变化与自然灾害，应转变排水防涝思路，将水的循环利用考虑进去，通过区域水生态系统的保护和修复、城市规划区“海绵城市”设计与改造、建筑雨水利用与中水回用三个途径加快“海绵城市”建设，解决城镇化发展带来的水资源污染、短缺等问题。胡灿伟[26]指出如何合理控制利用雨水这一宝贵资源，及在解决城市雨洪控制问题的同时，解决城市水资源匮乏问题，是“海绵城市”建设首先要解决的两大难题，并提出通过各层次的工程性措施，以及法律法规等非工程性措施来加快并有效促进“海绵城市”建设。综上所述，全国已经掀起利用城市雨水、建设“海绵城市”的热潮，如何充分利用城市雨水，改善城市水环境，实现城市区域的良性水循环已成为研究热点[27]。

1.2 下沉式绿地结构

建立水生态基础设施是生态治水的核心，也是实现“海绵城市”的关键。下沉式绿地作为“海绵城市”的关键技术，是一种分散式、小型化的绿色基础设施，具有不增加用地面积、成本低的优点，能够有效减少地表径流量、推迟峰现时间，实现绿地多功能化、改善生态环境等多种目标。

下沉式绿地有广义和狭义之分，通常所讲的地势低洼绿地属于狭义的概念，其高程低于周围地面高程 0.05~0.25m。广义的下沉式绿地泛指具有一定调蓄容积，可用于调蓄和净化雨水的生态雨水收集利用设施，包括多功能调蓄池、洼地和雨水湿地等，溢流口位置不同的两种下沉式绿地结构如图 1.1 和图 1.2 所示。

在国外，下沉式绿地已经得到广泛的应用[28−30]。德国许多城市通过大量铺设草皮砖、下沉式绿地结构等方式来增加就地入渗的雨水量，同时它们还具有减少地面径流、过滤雨水、减少进入地下的污染物、补充地下水等优点，甚至有些小区已经实现雨水的零排放[31]。

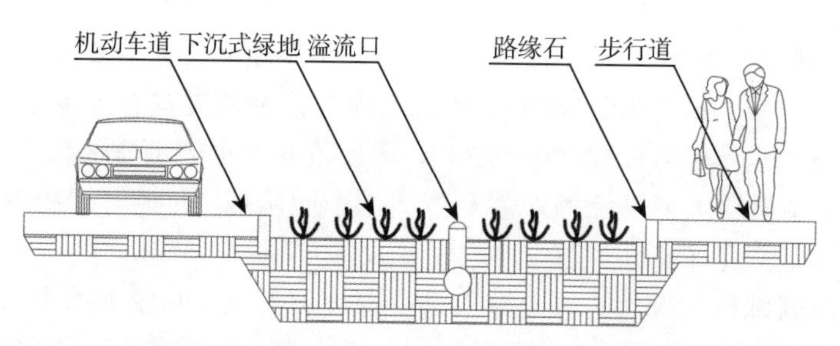

图 1.1　溢流口位于绿地中的典型下沉式绿地

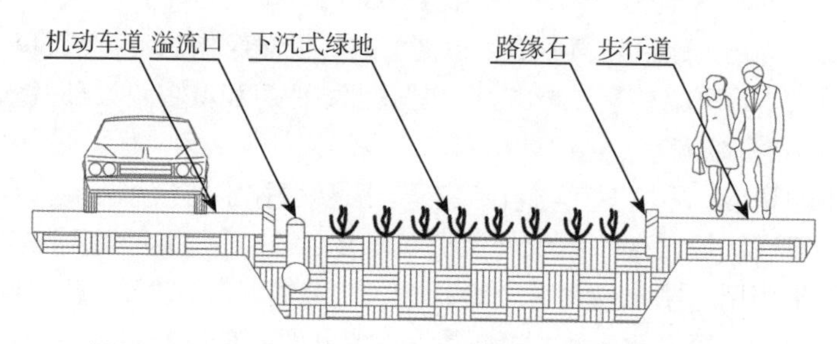

图 1.2　溢流口位于绿地与硬化地表交界处下沉式绿地

早在 1996 年，北京市水利科学研究所的种玉麒和北京市水文总站的张为华就以路面基准开展了高、平、低 3 种草坪的雨水拦蓄的入渗补给效果对比试验，结果发现低草地滞蓄雨洪的效果最好 [32]。2000 年，中国农业大学的任树梅等 [33] 在研究绿地蓄渗效果时发现，当绿地为下沉式且汇集周边不透水铺装区的地表径流时，雨水的蓄渗效果为最好。2001 年，叶水根等 [34] 研究表明，北京地区下沉式绿地的稳定蓄渗率为 0.5~2.3mm/min，下沉式绿地在 5 倍汇水面积的情况下，降雨蓄渗、减峰效果最明显。2005 年，刘国茂 [35] 对道路断面设计及道路上的雨水利用进行研究，认为可以将路面上的雨水排入两侧的绿化带，从而减少路面积水，补充绿化带内的土壤含水量，减少浇灌次数，同时可以补充地下水，对雨水资源进行充分利用。2007 年，侯爱中、陈守珊等 [36,37] 采用暴雨洪水管理模型 (storm water management model, SWMM) 对下沉式绿地进行模拟分析，结果表明，下沉式绿地能够有效削减洪峰，推迟峰现时间，减小径流系数，为城市防洪排涝减压。2008 年，聂发辉等 [38] 对上海市下凹绿地的长期运行效率进行分析计算，得出以下结果：在绿地面积比为 20%、下凹深度为 5cm 的情况下，针对入渗速率为 1×10^{-6}m/s 和 3×10^{-6}m/s 的绿地，其雨水径流截留效率分别为 72.9%和 83.3%。2009 年，同济大学张光义等在降雨特征参数统计的基础上，提出下沉式绿地蓄渗效率的概率分析方法，并结合上海市 1985~2004 年的降雨特征参数统计数据进行结果分析，对上海市下沉式绿地的设计运行状况进行讨论，并得出结论：鉴于下沉式绿地极大的蓄渗效率，建议在上海地区广泛建设下沉式绿地，当下沉式绿地的外排率达到 2.5%

时，其下凹深度为 50～100mm 较合适 [39]。2011 年，北京中水新华国际工程咨询有限公司杨珏等 [40] 以北京市大兴区一居民住宅区作为研究实例，对不同地区的暴雨重现期及不同拦蓄率情况下下沉式绿地的绿地设计面积和下凹深度进行了计算分析，计算的结果表明，城市暴雨重现期对下沉式绿地的设计面积影响最大，城市暴雨重现期越长，下凹深度和拦蓄率对下凹面积的影响就越大。2014 年，马姗姗等 [41] 把下沉式绿地和绿色屋顶相串联，发现能更大限度地发挥这两种 LID 措施的削峰效应，实现低影响开发的目标。2014 年，张超和丁志斌 [42] 在南京地区采用暴雨洪水管理模型，模拟下沉式绿地和透水路面对地面径流的影响，结果表明，下沉式绿地的面积比例不应该低于 30%，透水路面面积比例不应该低于 20%。2015 年，朱永杰等 [43] 研究发现下沉式绿地的土壤渗透性能够随暴雨强度的增加而增大，而且随绿地蓄水次数的增加，土壤总孔隙度与密度有较大的变化。2016 年，河海大学李晓丽 [44] 以南京市地区为研究区，对下沉式绿地随下凹深度变化的产流蓄渗规律进行研究，并且将绿色环保无污染、成本低的高性能吸水树脂应用到下沉式绿地中，结果表明，添加有吸水性树脂的下沉式绿地的峰现时间大大推迟，高性能吸水树脂在增加地下水蓄存量、缓解城市水资源短缺现象的同时，能够有效地解决城市内涝等问题。

1.3 高性能吸水树脂

高性能吸水树脂(super-absorbent polymer，SAP) 是一类保水剂，其内部含有大量结构特异的强吸水性基团，可吸收自身质量数百倍乃至上千倍的去离子水，具有吸水性能强、保水能力大、释水性能好、有效期长等特点，能够减少土壤水分的深层渗漏及土壤养分的流失，提高水分的利用效率 [45,46]。

1.3.1 高性能吸水树脂及其性能

1.3.1.1 高性能吸水树脂种类

高性能吸水树脂发展很快，种类也日益增多，且原料来源相当丰富。由于高性能吸水树脂在分子结构上带有的亲水基团，或在化学结构上具有的低交联度或部分结晶结构不尽相同，因此，从不同的角度出发，对高性能吸水树脂有多种多样的分类方法 [47,48]，主要有以下两种。

1. 按原料来源分类

随着人们对高性能吸水树脂的研究不断深入，将传统的高性能吸水树脂分为淀粉系列、纤维素系列和合成树脂系列的分类方法已不能满足分类要求。因此，邹新禧 [49] 结合自己的研究成果，提出了六大系列的分类。

(1) 淀粉系，包括接枝淀粉、羧甲基化淀粉、磷酸酯化淀粉、淀粉黄原酸盐等；

(2) 纤维素系，包括接枝纤维素、羧甲基化纤维素、羟丙基化纤维素、黄原酸化纤维素等；

(3) 合成聚合物系，包括聚丙烯酸盐类、聚乙烯醇类、聚氧化烷烃类、无机聚合物类等；

(4) 蛋白质系，包括大豆蛋白类、丝蛋白类、谷蛋白类等；

(5) 其他天然物及其衍生物系，包括果胶、藻酸、壳聚糖、肝素等；

(6) 共混物及复合物系，包括高性能吸水树脂的共混、高性能吸水树脂与无机物凝胶的复合物、高性能吸水树脂与有机物的复合物等。

2. 按亲水化方法分类

高性能吸水树脂在分子结构上具有大量的亲水性化学基团，而这些基团的亲水性很大程度上影响着高性能吸水树脂的吸水保水性能。如何有效获得这些化学基团在高性能吸水树脂化学结构上的组织结构，充分发挥各化学基团所在亲水点的效能，已经成为现在对高性能吸水树脂研究的重点。故可以从亲水化方法进行分类。

(1) 亲水性单体的聚合，如聚丙烯酸盐、聚丙烯酰胺、丙烯酸–丙烯酰胺共聚物等；

(2) 疏水性 (或亲水性差的) 聚合物的羧甲基化 (或羧烷基化) 反应，如淀粉羧甲基化反应、纤维素羧甲基化反应、聚乙烯醇 (PVA)–顺丁烯二酸酐的反应等；

(3) 疏水性 (或亲水性差的) 聚合物接枝聚合亲水性单体，如淀粉接枝丙烯酸盐、淀粉接枝丙烯酰胺、纤维素接枝丙烯酸盐、淀粉–丙烯酸–丙烯酰胺接枝共聚物等；

(4) 含氰基、酯基、酰胺基的高分子的水解反应，如淀粉接枝丙烯腈后水解、丙烯酸酯–醋酸乙烯酯共聚物的水解、聚丙烯酰胺的水解等 [49,50]。

1.3.1.2 高性能吸水树脂性质

高性能吸水树脂具有吸水性、保水性、吸湿性、凝胶性以及对热和光的稳定性等特性 [51]。

1. 吸水性

高性能吸水树脂 (又称保水剂) 最突出的特性就是极高的吸水性。1g 保水剂可在数十秒的时间内吸入数百克水。吸水性的大小用吸水倍率来表示，即 1g 干燥的保水剂能吸收的最多水量。影响保水剂吸水倍率的主要外因 [52] 如下：

(1) 被吸液的性质。聚丙烯酸盐系保水剂，当被吸液为去离子水时，吸水倍率为 400~600 倍；当被吸液为自来水时，吸水倍率为 250~350 倍；当被吸液为生理盐水时，吸水倍率为 40~60 倍；而其吸水倍率在海水中仅为 7~10 倍。因为在自来水、生理盐水和海水中有大量的电解质存在。

(2) pH 的影响。水中酸、碱的存在，均会影响保水剂大分子的离解，从而影响吸水倍率。

2. 保水性

高性能吸水树脂具有将吸入的水分保存住的能力，但会慢慢释放，也就是所谓的保水性。利用这一特性，在农林园艺中可将其作为土壤保水剂。

3. 吸湿性

高性能吸水树脂不仅能很好地吸收液态水，而且在空气中也能够吸收水汽，这就是保水剂的吸湿性，因此高性能吸水树脂也可当干燥剂使用。

4. 凝胶性

吸水后的高性能吸水树脂落在平板上，表现出容易回弹的性质，即使产生大的变形也不被破坏，这就是高性能吸水树脂的凝胶性。

5. 光稳定性

在干燥状态时，高性能吸水树脂在 100℃以下是稳定的；温度高于 150℃时，吸水倍率出现下降的趋势；230℃开始分解。高性能吸水树脂具有很强的光稳定性。用氙气灯照射 500h，吸水率无变化 [51]。

1.3.2 高性能吸水树脂的吸水保水机理

1.3.2.1 高性能吸水树脂的吸水保水性能

高性能吸水树脂属于高分子电解质，其吸水机理不同于纸浆、棉花、秸秆等以物理吸水为主、吸水量局限性大的普通吸水材料。它的吸水作用是物理吸附和化学吸水综合作用的结果 [53–55]。高性能吸水树脂的结构如图 1.3 所示。吸水树脂是具有超高吸水保水能力的高分子聚合物，物理吸附的理论基础是具有三维网状多空间物理结构，分子网状结构的网眼孔隙给土壤水分提供了储藏的空间，这部分属于物理吸水范畴。化学吸水作用是其巨大吸水倍率的主要理论支持，它包括两层含义。一方面是当保水剂溶于水，高分子电解质之间由于离子互斥作用引起分子之间高度扩张，而这些高分子化合物又由许多无限延伸的分子链连接，有复杂的多级空间，它们之间的三维网状结构使其保持一定交联度，在其网状结构上有许多亲水基团，如 —COOH、—OH、—COONa 等。当吸水树脂颗粒接触到水，亲水基团被溶解，产生大量的 H^+、Na^+ 和 —COO— 等，此时 SAP 内部 Na^+ 浓度高，水溶液中 Na^+ 浓度低，因而产生渗透压，而无限延长的 —COO— 基团不能向水中扩散，在渗透压作用下，水分不断进入保水剂网状结构内部 [55–57]。另一方面，SAP 三维网状结构中的 —COO— 基团在无法摆脱束缚的同时，网状结构中的 —OH、—COO— 等基团与水分子结合形成氢键，可快速吸收和贮存更多的水分子，使网状结构进一步扩张，形成水凝胶而非溶液，水分子在凝胶中被氢键牢牢束缚住。凝胶状态的吸水树脂中，被物理作用吸收的水分能态较大，受保水剂三维网状结构的限制不易自由移动，但它仍属自由水范畴；而化学作用吸收的水分能态较低，几乎不能自由移动，属于结合水范畴 [55,57]。在这两方面的作用下，保水剂就表现出巨大的吸水倍率而又不被分散。

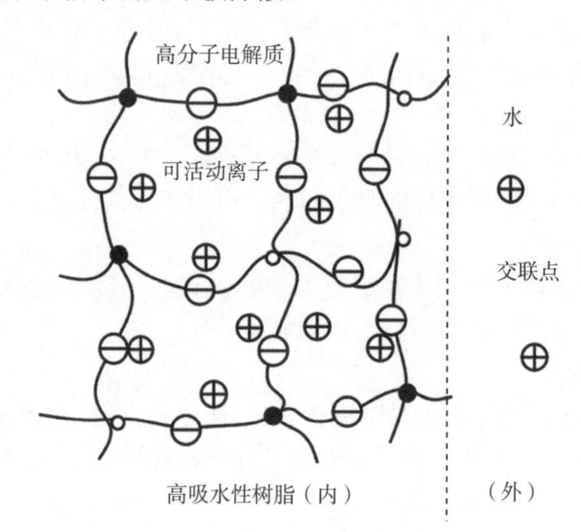

图 1.3　高性能吸水树脂的结构

高性能吸水树脂的吸水性是由渗透压及水同高分子电解质间亲和力两方面决定的。而控制吸水性的因素是高分子电解质网络的橡胶弹力性。这两种因素平衡的结果决定了吸水能力的大小。渗透压越大，高性能吸水树脂与水的亲和力越大，吸水能力越强，而交联密度越大，吸水能力越小。换句话说，经交联的高性能吸水树脂的网状结构就像一个网兜，网兜的骨架即是高分子链，连接点可比喻为交联点。由于水溶性高分子对水有很强的亲和力，所以吸水力很强，吸进的水要保存，就必须成网状 [51]。若网得太密，则水不易进去；若网得太松，则水不易保存，必须控制在一个合适的范围内，才能使高性能吸水树脂既能吸水又能保水 [55,57−59]。

1.3.2.2　高性能吸水树脂对土壤蒸发及团粒体的影响

1. 高性能吸水树脂对土壤蒸发的影响

土壤表面的水分蒸发是水分损失的主要原因之一。土壤中加入 SAP 可减少蒸发量。徐金印等 [59] 测定了天津化工学院生产的保水剂 (即高性能吸水树脂) 对轻壤质土壤蒸发量的影响，结果表明，加入 0.5g 保水剂蒸发 20d 比对照减少蒸发量 7.8g。彭毓华等 [55] 对含有 H-SPAN 保水剂的沙壤土蒸发量的测定表明，加入保水剂能减少蒸发，且保水剂用量越大保水效果越明显。蔡典雄等 [60] 研究报道，保水剂抑制水分蒸发的作用随保水剂用量的加大而增大，但沙土近凋萎含水量以下或高于饱和含水量以上，保水剂抑制蒸发的效果差异逐渐减小，且各处的释水速率符合指数下降规律。高凤文等 [61] 通过室内模拟试验，研究了 5 种保水剂对土壤蒸发量的影响，结果表明，保水剂能够降低土壤表面蒸发量，最高达 8.96%。

还有一些资料表明，保水剂掺入土壤后，土面蒸发速率提高，从而增大了土壤蒸发量，同时由于增加了土壤含水量，可延长蒸发时间。各种保水剂对不同土壤的蒸发作用一致，但作用大小有差异，在粗沙土中作用较明显。而有些研究则认为保水剂对不同土壤水分蒸发的影响效果没有显著差异。

2. 高性能吸水树脂对土壤团粒体的影响

大量研究结果表明，高性能吸水树脂处理对土壤团粒结构的形成具有明显促进作用。高性能吸水树脂对土壤团粒体的改善作用与其浓度密切相关。土壤中大团粒体对稳定土壤结构、改善土壤通透性、防止表土结皮、减少土面蒸发有较好作用。土壤团粒结构特别是水稳定结构团粒的大小、数量和分布组成决定了土壤机械组成的稳定性，从而影响土壤孔隙度的大小，间接调节土壤水、肥、气、热的分布与吸收，是影响土壤通透性能和反映土壤质量状况的重要指标。较高的土壤团粒体含量能够构建更多的渗透空间供水分和养分滞留。在土壤物理学当中，一般把粒径大于 0.25mm 的水稳性团粒作为评价土壤结构的标准和主要指标 [55,57]。

汪亚峰等 [62] 研究了保水剂对土壤水稳性团粒体及孔隙度的影响，表明土壤中施加保水剂增加了土壤的水稳性团粒体的数量，也使土壤的孔隙度增加，从而改善了土壤的通透性。Cook 和 Nelson[56] 研究了施用 $22kg/hm^2$、$45kg/hm^2$、$67kg/hm^2$、$90kg/hm^2$ 四种浓度的聚丙烯酰胺 (PAM) 对土壤水稳性团粒体的影响，结果表明土壤水稳性团粒体含量分别由对照的 20.7%增加到 59.5%、90.4%、79.3%和 90.7%。Shanmuganthan 和 Oades 研究发现 PAM 能增加土壤孔隙度，增加水力传导性，提高土壤比水容量。SA-IP-SPS 型保水剂在 0~0.3%施用量范围内，保水剂用量与土壤中大于 0.25mm 团粒体的含量近似呈线性关系 [63]。在用量为 0.3%时土壤中大于 0.25mm 团粒含量已达 99.9%；而且随着保水剂颗粒粒度的减小，土壤中大于 0.25mm 水稳性团粒含量显著增大。中国科学院兰州化学物理研究所刘瑞凤等 [64] 研究表明，保水剂浓度为 0.5%时，PAM-atta 复合保水剂在 0~10cm 和 30~40cm 处大于 0.25mm 的团粒含量分别比对照提高 10.01%和 15.60%。且在相同用量下，保水剂粒径越小，土壤含水量和大于 0.25mm 团粒体的含量也越大。

国内外大量文献资料表明 [51,52,55,57]，土壤中加入合适比例的高性能吸水树脂能有效改善土壤三相比例、提高土壤孔隙度、降低土壤容重，有效调节土壤水、肥、气、热状况，改善作物根系周围小环境土壤的物理性质，增强水分和养分的供给。

1.3.2.3 高性能吸水树脂对土壤水分的影响

高性能吸水树脂能够提高土壤的吸水能力，尤其是对局部地点如植物根部土壤，能大幅度增加土壤含水量，在土壤中形成一个个 “小水库”。保水剂在土壤中的吸水模式如图 1.4 所示。当土壤干旱时，保水剂释放出所蓄存的水分，供作物根部吸收。保水剂具有很强的保水能力，将其与土壤混合会使土壤饱和含水量明显增大，吸水率随保水剂施用量增加而明显增大。曹丽花等 [65] 研究表明，黄绵土在不同保水剂、不同浓度下土壤水分特征曲线不同，但含水量和土壤水吸力之间都符合幂函数关系式。何绪生等 [66] 研究表明，保水缓释氮肥所持水分 90% 以上是植物有效水。陈宝玉等 [67] 将青海 “绿宝” 公司提供的 3 种保水剂以不同处理施入苗圃熟土与沙子的混合土中进行研究，结果表明土壤自然含水量、田间持水量、饱和持水量都有明显增加，并且随着保水剂用量的增加而增加。陈海丽等 [68] 对两种类型的保水剂在水中和土壤中的吸水、保水特性进行了测定，结果表明，保水剂能增加土壤含水量，并且在一定范围内随着保水剂浓度的增加而增加，淀粉类保水剂作用大于聚丙烯酸盐类。李俊颖 [69] 研究表明，对不同剂量的聚丙烯酰胺 (PAM) 处理，冷沙黄泥田间持水量分别较对照增加 20.66%～33.67%，毛细管持水量分别较对照增加 18.42%～29.06%。潮土田间持水量分别较对照增加 8.43%～13.42%，毛细管持水量分别较对照增加 3.55%～9.83%。

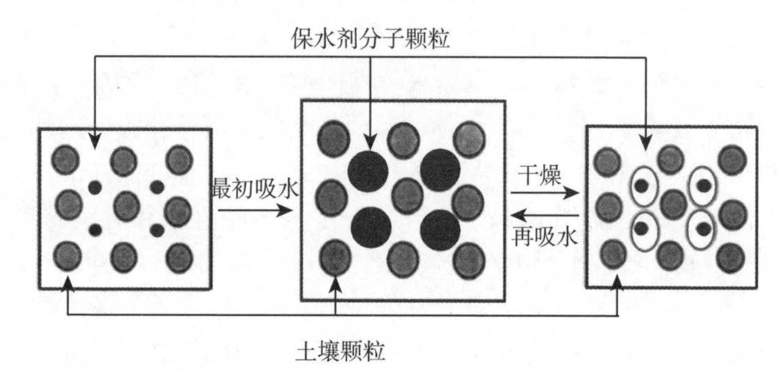

图 1.4　保水剂在土壤中的吸水模式

1.3.2.4　高性能吸水树脂对土壤温度的影响

保水剂有抑制土壤温度骤然上升或下降的作用，可减缓地温的波动，使地温日变化趋于平缓。竹内等在沙壤土上的试验表明，6 天内保水剂处理的土壤最高地温比对照低 3℃，最低温度高 1.5℃，地温日较差比对照缩小约 5℃。张蕊和白岗栓 [70] 指出，保水剂的吸水功能可维持土温的稳定性，由于吸持了大量的水分，可缓冲气温变化的影响，使土壤温度波动变小。根据远山等的试验报告，对于早上 8 时与下午 14 时在 3cm 深处的地温，对照由 21.4℃升至 34.0℃，相差 12.6℃，用保水剂 IM1500BG 混合沙处理的地温则由 22.5℃升至 31.6℃，相差 9.1℃。5cm、10cm、20cm、30cm 深处的地温变化趋势与 3cm 深处相似，但保水剂对地温温差的影响随土层加深而减弱，在作物生长中后期，保水剂对地温的影响不如前期显著 [71,72]。

保水剂对地温的影响还与土壤质地有关。沙土，尤其是粗沙，持水量少，热容量小，比热小，导热快。在沙土中加入保水剂后，持水量大幅度增加，并延长了土壤持水时间，水的比热相对大，蒸发后带走更多的热量，可降低地温，避免植物被灼伤。在地温高达 70℃的沙漠地区，高地温对作物是很大的威胁，到了深夜，气温降到很低，不利于植物发育，而保水剂中水分热容量大，可释放白天吸收的热量，使地温相对升高，这对于作物的提前播种、早熟、避免灼伤和冻害等都具有重要的意义 [73]。

1.3.2.5 高性能吸水树脂的保水保肥作用

土壤水分是植物生长之源，而土壤肥力供给是植物生长之基。土壤水分是营养物质运输的载体，植物根系吸收水分的多少是营养物质能否顺利运输到植物所需部位的关键因素。土壤肥力是土壤为植物生长供应和协调养分、水分、空气和热量的能力，是土壤物理、化学和生物学性质的综合反映。土壤水肥关系既相互影响又相互制约，只有保持合理的水肥平衡才能有效促进植物生长 [55]。

在农林业生产中，高性能吸水树脂具有五大生态功效——“保水、保土、保肥、助长、安全”。SAP 施入土壤中之后，一方面增加了土壤的入渗能力，减少了地表径流的产生，有利于水土保持；另一方面可增加土壤对肥料的吸附作用，降低肥料的淋失量，有利于植物对营养元素的吸收和滞留。中国农业大学的科研人员将 KH841 型高性能吸水树脂以 0.1% 比例加入土壤中，观测土壤对氮 (N)、磷 (P)、钾 (K) 的吸附作用，研究表明加入高性能吸水树脂的土壤明显比对照组吸附作用增加，肥料淋失量显著减少，且高性能吸水树脂对于铵态氮有很好的吸收效果。黄震等 [74] 对有机–无机 SAP、腐殖酸多功能 SAP 对尿素和硝酸铵的吸收保持效果研究表明：有机–无机 SAP 对两种氮肥的保持比对照提高 5%～12%，腐殖酸 SAP 对硝酸铵氮的保持效果为 20%～30%，对尿素氮肥保持效果也很好，比对照提高 20% 左右。西南农业大学的宋光煜等 [75] 将由醋酸乙烯和丙烯酸甲酯聚合而成的 VaMa 保水剂 (高性能吸水树脂) 用于种子包衣和包膜，在沙土和黏土中试验将保水剂与 NH_4HCO_3 和 K_2SO_4 混合，观测土壤全氮 (N) 和全磷 (P) 的变化，结果表明保水剂用量越高、膜越厚，养分释放越慢；保水剂用量少的则养分释放快，养分易流失。刘世亮等 [76] 对不同高性能吸水树脂处理下玉米养分吸收积累和利用效率的研究表明，在加入高性能吸水树脂的土壤上作物对氮 (N)、磷 (P)、钾 (K) 养分的积累量均比对照增加，且随高性能吸水树脂施用量的增大而上升。钟朝章等 [77] 将 TERRA SORB(TAB) 吸水树脂和纸浆、泥浆、复合肥混合制成的 “水保丸子” 用于山区岗崩体崩壁部位穴植种草，结果也表明 TAB 具有吸肥、提高肥料利用率的作用。

1.3.3　国内外研究现状

20 世纪 50 年代，在医学领域科研人员研发出一种羟基烷基丙烯酸及其相关单体的聚合物的新材料，用于医学眼科接触透镜，当时这种聚合物的溶胀度在 40%~50%。之后，化工科技工作者对原有的性能进行改良，研发出溶胀度为 70%~80%的高级吸水树脂，将应用范围扩大到建筑用材中的吸湿涂料、生物试验中的营养基质等领域，这是最早的吸水树脂 [52]。

1969 年，美国农业部北部研究中心 (NRRC) 为有效利用美国丰富的玉米资源，首先用丙烯腈与玉米淀粉接枝共聚，研制出一种新型高分子材料——淀粉接枝聚丙烯酯类保水剂，这类保水剂很好地改善了土壤的水分状况，它能吸收为自重的 200~2000 倍的水分，开创了淀粉接枝高性能吸水树脂的研究领域 [51]。1974 年，美国 Granprocessingo 公司成功研发出淀粉-聚丙烯腈系 SAP，实现工业化生产，并在中东、西欧等国得到广泛应用。随后日本重金购买其专利，在此基础上迅速赶超美国，相继开发了聚丙烯酸盐系列高性能吸水树脂，不仅降低了生产成本，兼具高吸水性和保水性，而且所得产品不易腐败，受到多国广泛应用，成为淀粉类 SAP 的主导产品 [51,71]。

20 世纪 80 年代初，法国里昂沙菲姆化学公司研制成功高性能吸水树脂，将其应用于沙特阿拉伯干旱地区的土壤改良。韩国也开发出了吸水 5000 倍的 “IKR3010” 高分子材料。埃及试验了保水剂对大田作物生长的作用，发现其可使作物耗水量降低到 64.5%，而且可增加土壤的团粒体稳定性。意大利、沙特阿拉伯、阿拉伯联合酋长国把高性能吸水树脂应用于沙漠植树也取得了良好的效果。20 世纪 90 年代以来，美国、日本、法国、德国、比利时等发达国家都设立了专门的研究机构，近 30 多个国家已将其应用于工业、农业、建筑、园艺、卫生等领域。目前，高性能吸水树脂 (也叫保水剂) 已成为美国农场主、林业主、苗圃商、庭园主以及其他绿色产业人员用来改善土壤水分管理的重要工具 [51,57,78]。

我国高性能吸水树脂的研制始于 20 世纪 70 年代后期，起步晚，但发展较快。国内市场上较为常见的高性能吸水树脂种类有丙烯酰胺-丙烯酸盐共聚交联物 (聚丙烯酰胺) 和淀粉接枝丙烯酸盐共聚交联物 (聚丙烯酸钠、聚丙烯酸铵、聚丙烯酸钾、淀粉接枝丙烯盐等)。目前，我国高性能吸水树脂从研制、生产、应用已走过 40 多年的历程，基本分为两个阶段。

1) 起步阶段 (20 世纪 80 年代初至 20 世纪 90 年代初)

20 世纪 80 年代初，北京化学纤维研究所研制成功 SA 型高性能吸水树脂，中国科学院兰州化学物理研究所成功研制 LPA 型高性能吸水树脂，中国科学院化学研究所、长春应用化学研究所也分别研制了 KH841 型和 LAC13 型高性能吸水树脂，并陆续应用于农林生产领域，这些都属于聚丙烯类高性能吸水树脂 [71,78,79]。

中国农业科学院作物科学研究所在河南用 H-SPAN 型保水剂进行的树种造粒飞机造林试验表明，保水剂可使种子保水量提高 20%～30%，种子保存率由 15%提高到 66.1%，发芽率由 7.9%提高到 48.6%，幼苗成活率由 5%提高到 13.3%。但是由于当时价格较高、一次性投入资金较多、认识不足等主客观因素的限制，并未进行批量生产，仅有小规模的农林业生产应用 [52,79,80]。

2) 发展阶段 (20 世纪 90 年代初至今)

进入 20 世纪 90 年代，干旱频发、水荒加剧、水土流失和荒漠化从整体上未得到遏制，沙尘暴愈演愈烈，这一系列问题再次引起公众的重视和思考。随着西部大开发战略的实施，退耕还林、京津风沙源治理等生态环境建设和保护工程逐步深入，水资源短缺再次成为植被建设和社会经济发展的瓶颈。在这样的背景下高性能吸水树脂再次成为研究和推广的热点 [79,81]。

在 2000 年 1 月水利部全国农村水利工作会议上，使用保水剂被列为十大节水灌溉技术之一。同年，一种被命名为“林草易植活”的集抗旱保墒、防病治虫、补肥增效为一体的稀土新型抗旱保水剂也在内蒙古包头稀土研究院问世，它不仅含有新型高分子保水成分，还有植物生长过程中不可缺少的氮磷钾以及多种微量元素和稀土元素，可在植物周围形成“三库”，即抗旱保墒提供该植物水分的“小水库”、防病治虫提供药剂的“水药库”、促进植物生长提供肥源的“小肥库”[51,52,79]。2003 年，南京工业大学采用新工艺研制成功了高效吸水材料，可以吸收自身质量 1108 倍的自然水。2009 年，中国农业科学院农业环境与可持续发展研究所白文波等 [82] 研究了保水剂对土壤水分垂直入渗特征的影响，发现保水剂对入渗率的影响具有稳定性和一致性，当保水剂层施量为 0.1%时，土壤水分入渗会随着入渗进程而增加，累积入渗量可达到对照组的 1.1 倍 [83]。

进入 21 世纪，我国单一高性能吸水树脂的生产技术已经十分成熟。近年来，高性能吸水树脂的应用范围更为广泛，人们逐渐把它应用在防洪减灾、治理水土流失等方面 [84]。总体上，在农林方面高性能吸水树脂可起到保水保肥的作用，对一些农作物果树还可提高产量，改善土壤理化性质，增强土壤抗旱抗蚀能力，减少径流。虽然目前我国高性能吸水树脂的生产能力与世界发达国家的水平差距甚远，但总体而言，我国高性能吸水树脂产业已进入一个稳步发展的阶段，且我国高性能吸水树脂生产的趋势向复合化、多功能化方向发展 [67,79,80]。

1.4 本书主要内容

本书以济南市为试点研究区，在考虑济南市应用下沉式绿地的气候条件和空间条件的情况下，将绿色环保无污染、成本低的高吸水性树脂应用到下沉式绿地结构中，结合活性炭、石英砂等净水材料改造下沉式绿地的纵向层铺结构，充分发掘下沉式绿地的纵向空间。

全书内容分为 8 章。第 2 章主要介绍本书研究对象济南地区的水文地质概况及其周边地区的土壤特性；第 3 章展示本研究的现场试验条件和所用试验仪器设备及试验原理；第 4 章介绍在褐土中掺加不同高性能吸水树脂，通过对比两种复合土壤的吸水性和释水性，得出更有效提高褐土含水量的吸水树脂种类；第 5 章通过实验室室内土柱模拟试验，改变混合有高性能吸水树脂的人工复合土壤的铺设深度、铺设位置及混合比例，分析比较不同工况下人工复合土壤的水分累积入渗量、入渗率及湿润锋的动态变化，得出掺加高性能吸水树脂的人工复合土壤在下沉式绿地结构中的最佳配置；第 6 章探究不同雨强下下沉式绿地结构的产流过程，揭示铺设人工复合土壤的下沉式绿地结构的产流临界雨强；第 7 章通过室内土柱试验开展人工复合土壤循环吸–脱水试验，探究吸水次数对人工复合土壤吸水作用的影响规律，测定不同雨强下的平均脱水时间；第 8 章通过收集济南当地的雨水水样，开展水质净化试验，分析人工复合土壤对雨水污染物的去除效果。

第2章　研究区域水文地质概况

本书以北方半湿润区“海绵城市”的代表和试点城市济南市作为典型，研究适用于北方半湿润城市的新型海绵体的建设工艺技术，提高城市基础设施 (道路、草地、建筑物等) 蓄水和调控能力，增强雨水收集和自净能力，减少城市面源污染，改善水质和水生态，创新防洪排水、雨水资源利用和水质改善的综合利用模式，破解北方半湿润城市的水安全保障难题。本章主要对研究区济南市的地理位置、水文气象、水文水系、水资源开发利用现状以及济南市的主要土壤特性等基本概况进行论述，并对本书所用土壤类型进行详细说明。

2.1　地 理 位 置

济南市地处山东省的中部，地理位置介于北纬 36°01′ ~37°32′，东经 116°11′ ~ 117°44′，南依泰山，地势南高北低。四周与德州、滨州、淄博、泰安、聊城等市相邻。总面积 10244km^2，市区面积 3303km^2。济南地处鲁中南低山丘陵与鲁西北冲积平原的交接带，地形复杂多样，依次为低山丘陵、山前倾斜平原和黄河冲积平原。地形大体可分为三带：北部临黄带、中部山前平原带、南部丘陵山区带。济南市区位于低山丘陵北，微倾斜平原和黄河冲积平原上，由于北部黄河河床高于地表，市区地形呈浅碟状 [85,86]。

市区由腊山、党家、旧城、燕山、王舍人和贤文六个片区组成。济南是京沪铁路、胶济铁路与邯济铁路的交汇点，也是中国东部沿海经济大省——山东省的省会，是全省政治、经济、文化、科技、教育和金融中心，是国家批准的副省级城市和沿海开放城市，也是我国东部沿海开放向内陆延伸的枢纽 [86,87]。

济南市城区地势南高北低，雨水山洪冲刷形成的河流较多，这些冲刷的河道大多由主河道和众多支流河道组成，主要汇入黄河、小清河两条河流，因而在水系划分上主要分为黄河水系和小清河水系。湖泊有大明湖、白云湖等。另外，济南市作为国内著名的泉城，城区内分布众多泉群。南部山区及北部黄河平原分布有多个大型水库。济南市的地形条件有利于雨水的收集与利用。济南市城区在降雨季节，市区周围汇集的雨水易形成强大的雨水径流，主要由南向北顺道路流泻，在市区北部积蓄，易造成“内涝”现象，同时这种周围地势高、中心地势低的特点使雨水走向明显，方向性高，易于收集 [86]。

2.2　水 文 气 象

济南市处于暖温带，属于半湿润大陆性季风气候，地理位置处于华北中纬度地带，南面与列入“世界文化与自然双重遗产”清单的泰山毗邻，北与被称为“中华民族母亲河”的黄河相依，春季干旱少雨，多西南风，夏季炎热多雨，秋季天高气爽，冬季寒冷干燥，多东北风。济南市四季分明，日照充分，年平均气温 13.8℃，年平均降水量 600~700mm[87,88]。

2.2.1　降水地理分布

济南市天然水资源分布的特点：南部变质岩山区及平阴山区年降水量及地表径流均比平原区大；从山区到平原，年降水量由 710mm 递减为 645mm，年径流深由 197mm 递减为 80mm。南部山高坡陡水流失，成为全市的贫水区。中部山前平原地下水富集，泉水众多，未大量开采前，以泉的形式自然排泄。城区北部为黄河冲积平原地区，在降水量统计上，平原地区年平均降水量最低为 530mm，最高为 600mm[87]。

2.2.2　降水量年际分布

济南市水资源主要来源于大气降水，夏季多发局域性强对流天气，常以暴雨形式出现，呈现时间短、过程量大的特点。受季风影响，济南市降水量的季节分配极不均匀，年际变化大，丰枯悬殊。春季降水量一般在 80mm 左右，降水强度平均为 5.0~5.4mm/d，占全年降水总量的 12.0%~12.8%。夏季由于东南季风盛行，暖湿气团活跃，季降水量在 400mm 以上，平均 11.6~13.2mm/d，占年降水总量的 65%以上；历年日最大降水量多发生在 7 月份，济南北郊无影山 1962 年 7 月 13 日降水量为 298.4mm，为全市之冠。秋季北方冷空气开始南下，暖湿气团势力随之减弱，降水量明显减少，季降水量在 110~130mm，平均为 6.3mm/d，占年降水总量的 18.0%~18.7%。冬季受北方干冷空气的侵袭，西北风盛行，雨雪稀少，北风频吹，干燥寒冷，季降水量一般在 20~25mm，仅占年降水总量的 4%以下，降水量最小[86,88−90]。

济南市地处不同大气环流的影响之下，于是构成了春暖、夏热、秋爽、冬冷四季变化分明的气候特征。济南市的冬天长达 136~157d，一般在 11 月的上旬到次年 3 月的下旬；夏天在 105~120d，一般在 5 月下旬到 9 月上旬；春、秋季最短，都不到两个月。加之地形是三面环山，使得水汽与热空气回流聚集而不易扩散，所以比一般北方地区的夏季雨水多。

济南市的月平均气温及降水量如表 2.1 所示。年平均气温为 13.8℃，年总降水量达 669mm。

表 2.1 济南市月平均气温、降水量表

月份	1	2	3	4	5	6	7	8	9	10	11	12
平均气温/°C	−3.2	0.3	6.5	15.4	22.1	25.9	27.2	26.2	21.9	15.8	7.3	−0.2
降水量/mm	7	10	15	28	51	80	196	165	55	35	18	9

2.3 水 文 水 系

济南市的河流分属于黄河与小清河两大水系。其支流除了东泺河、浪溪河、绣江河及西泺河是常年性河流以外，其余均为排泄山洪的季节性河流。济南市河流除了黄河以外，都是以雨水补给为主，按水文特征可以分为山区型河流与半山区型河流两类，小清河属于第二种，其余比较大的河流基本属于山区型河流。

小清河是山东省集泄洪、排涝、通航、灌溉与排污等功能于一体的综合型人工河道，主干源位于济南市西郊，中间经过惠民、淄博等县市，河流全长 237km，流域总面积为 10572km^2，这是山东省内唯一一条河海通航与水陆联运的河流。小清河源于济南市区诸泉，并向西延伸至玉符河东岸大堤。该条河道干流流经槐荫区、天桥区、郊区和历城区，流向惠民地区的邹平县境，又经过高青、桓台、博兴、广饶，由寿光市的羊角沟注入渤海。小清河在济南段区汇入的主要支流大多在右岸 (即南岸)，为山洪及泉水河道；左岸 (北岸) 支流很少，而且较小，都是平原及坡水排涝河道。黄河干流沿着济南市境北部逶迤东北，中间经过平阴县、长清区、济南市的郊区、历城区还有章丘区，于章丘区黄河镇的常家庄出境。流经市境长度 172.9km。

2.4 水资源开发利用

济南市水资源的组成为地表水、地下水、客水等，当地水资源总量多年平均为 20.65 亿 m^3，其中地表水资源量为 7.88 亿 m^3，地下水资源量为 12.77 亿 m^3，人均水资源量仅仅占全国平均的 1/10，所以济南是我国重要的资源型缺水城市之一。该市水资源的可利用量是根据地区水资源的埋深、分布、储量与地质条件以及工程的拦蓄提引供水能力等很多种因素来确定的，据统计全市多年平均水资源可利用量约为 12.05 亿 m^3，其中地表水可利用量大约为 2.60 亿 m^3，地下水可利用量约为 9.45 亿 m^3。

从 20 世纪 50 年代末开始，济南市陆续在小清河的许多支流上兴建了不少水库，包括 5 座中型水库和 53 座小型水库，其中水库的最大拦蓄能力为 1.1 亿 m^3。济南市境内小清河流域的多年平均降水产生的地表径流量约为 2.97 亿 m^3，支流上水库塘坝拦蓄利用量约为 0.66 亿 m^3，仅占流域地表径流量的 22.2%，其余 77.8% 的水量在汇集的过程中补给了地下水，蒸发、提用或排泄到境外。主要支流绣江河的多年平均径流量为 1.12 亿 m^3，拦蓄量为 0.33 亿 m^3，拦蓄利用率为 29.5%；漯河的年径流量为 0.41 亿 m^3，拦蓄量为 0.19 亿 m^3，拦蓄利用率为 46.3%；巨野河的年径流量为 0.26 亿 m^3，拦蓄量为 0.14 亿 m^3，拦蓄利用率为 53.8%。这些年来随工农业的迅猛发展，地下水的开采量渐渐增加，泉群停喷事件时常发生。春季雨水量少，工农业用水量多，地下水水位开始急剧下降，一般在 4~6 月时地下水埋深最大；汛期降雨量多，地下水得到了补给，水位便开始回升，一般在 10 月中旬时达到年内最高地下水位。

2.5　土壤物理特性

2.5.1　土壤类型概述

济南周边地区土壤类型依地形、水文、气候、植被、母岩、母质等自然条件的差异及人为生产活动的影响，在全市范围内由南到北、地势从高到低，依次分布着显域性土壤棕壤、褐土，隐域性土壤潮土、砂姜黑土、水稻土、盐碱土 6 个土类，13 个亚类，27 个土属，72 个土种。

济南周边地区主要土壤类型在全市土壤总面积中所占比例如图 2.1 所示。

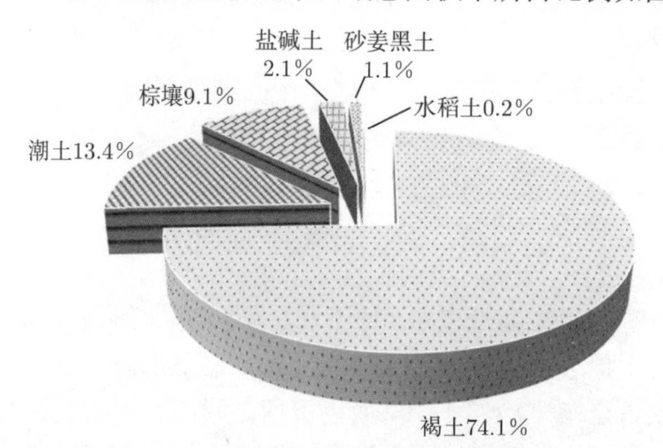

图 2.1　济南周边地区主要土壤类型占土壤总面积的比例

济南周边地区主要土壤类型分布情况简述如下。

褐土，又名褐色森林土，土壤面积 3252.0km^2，占土壤总面积的 74.1%(不含莱芜区，下同)，是济南市面积最大的土壤类型，济南周边地区是山东典型褐土集中的分布区。这类土壤是在暖温带、半湿润及高温高湿同时发生的生物气候条件下，发育在石灰岩 (青石山) 山地和丘陵地区的地带性土壤。褐土的有机质含量为 1.5% 左右，多为粒状到细核块状结构，底土一般不受地下水影响。此土壤 pH 7~7.5，呈微碱性，盐基饱和度大于 80%。褐土黏化与钙化作用都较为明显，土壤通体有较强的石灰反应。普通褐土土层深厚，质地相当，营养成分含量较为丰富，是济南的主要粮食生产基地。此外，褐土具有微弱的生物积累作用，还有潮化作用和旱耕熟化作用。在宽广的褐土带中，从上而下，从南到北，分布着褐土性土、普通褐土、石灰性褐土、淋溶褐土、潮褐土 5 个亚类 [91−93]。这一类土壤保水保肥，土壤生产性能好，适应性宽，是济南市最好的一种土壤类型，也是旱涝保收的高产区，历来为粮食、棉花、烤烟、蔬菜等作物的重要产地。

潮土，分布于沿黄地区，由黄河冲积母质形成。土壤面积为 586.1km^2，占土壤总面积的 13.4%。此类土壤是受地下水潮化作用影响，经过耕作熟化而形成的土壤类型 [91]。潮土质地适中，潜水埋藏浅，呈中性或微碱性，生产性能好，适宜性强；土体深厚，沉积层理明显，中下层有锈纹锈斑，表层质地则因沉积过程水流快慢影响而有砂、轻、中、重壤之别。通体有石灰反应。共有普通潮土、湿潮土、盐化潮土 3 个亚类 [92,93]。

棕壤，又称棕色森林土，是在暖温带湿润半湿润落叶阔叶林下形成的地带性土壤。土壤面积为 399.7km^2，占土壤总面积的 9.1%，集中分布于长清、历城、章丘三区南部砂石低山丘陵区，海拔一般在 200~988.8m。此土壤通体无石灰反应或表层有微石灰反应，pH 为 6.5~7，一般呈微酸性，有明显的淋溶作用、黏化作用和生物积累作用。在酸性岩山区，从上到下分布着棕壤性土和普通棕壤 2 个亚类 [92,94]。

盐碱土，零星分布在长清沿黄的河水决口处及郊区、章丘区的河滩地中。土壤面积为 92.4km^2，占土壤总面积的 2.1%。此土壤是黄河泛滥决口处由砂粒沉积形成的，全市只有半固定风砂土 1 个亚类。土壤通体为松砂土，除表层土壤有极少数作物根系外，剖面中全为均质砂土。因易随风飞扬，故名风砂土，是一种肥力极低，不适宜农用的低产土壤 [91]。

砂姜黑土，是一种具有“黑土层”和“砂姜层”的暗色土壤。济南市周边地区仅有石灰性砂姜黑土 1 个亚类，主要分布于章丘、历城两区白云湖周围，在平阴县东部孝直镇和店子乡也有少量的分布。土壤面积为 47.3km^2，占全市总土壤面积的 1.1%。此土体下部有灰白色的土层或黑土层及砂姜，通体石灰反应强烈。济南市砂姜黑土多为黄土覆盖类型，表层质地适中，易于耕作。通常在 100cm 左右出现砂姜，下部有黑土层；砂姜多为面砂姜，不成层，一般不影响耕作。砂姜土是洼地长期积水干涸后形成的土壤，表层有机质含量丰富，适宜种植小麦、大豆、高粱等作物 [92,93]。

水稻土，分布在济南市周边地区的北园、东郊和章丘区明水镇，是经过泉水灌溉、人为生产活动形成的土壤，是我国北方典型的水稻土。土壤面积为 8.9km^2，占全市土壤总面积的 0.2%[92]。此土壤只有潴育水稻土 1 个亚类，下分冲积物、湖积物两个土属。土壤通体有石灰反应，表层以下有大量的锈纹锈斑，55cm 以下有大量鳝血斑，95cm 以下土色呈灰褐色的潜育现象。土壤质地为壤质，章丘区明水镇

的水稻土为黏质 [91]。

由图 2.1 及以上各种土壤类型的简述可以看出，济南周边地区的主要土壤类型为褐土、潮土和棕壤，该三种土壤类型占土壤总面积的 96.6%(其中，褐土占 74.1%，潮土占 13.4%，棕壤占 9.1%)[91]。

2.5.2 土样采集

试验选取占济南周边地区土壤总面积 74.1%的褐土为研究对象。取样地点位于济南市槐荫区玉周景园小区以西、玉符河以东的农田。由于试验所需要的土样较多，现场采用挖掘机取土，取土深度大约为 15cm，取土总量大约为 8m^3，存放在济南市水文局腊山分洪工作站试验场内。

从农田取回的土样由于含水量不一，土壤颗粒大小不均匀，不利于开展试验，因此，试验前需要将土样进行自然风干处理，拣去其中的石块和杂草等杂物，将土样颗粒敲打均匀，在荫凉、干燥处摊开，自然风干备用。土样采集现场图与土样风干处理现场图如图 2.2 所示。

(a) (b)

图 2.2 土样采集现场图 (a) 与土样风干处理现场图 (b)

2.5.3 土壤容重

土壤容重是指干土壤基质质量与总容积之比，又被称为干容重或者土壤密度。褐土容重的计算公式为

$$\rho = (m_2 - m_1)/V \tag{2.1}$$

式中，m_2 为环刀和土样烘干后土壤质量；m_1 为环刀质量；因环刀体积 V 均为 100cm^3，取值为 100cm^3。

在取土现场采用边开挖边取样的方法，开挖到一定的深度，用环刀取样器进行取样。将土样送到实验室后将土样和环刀放入烘箱中以 105℃烘干 24h 后取出，放入干燥器内静置 3~4h，土样温度大致降到室温时，放在天平上称重，记为 m_2；倒出土样，清洗环刀并烘干称重，环刀质量记为 m_1。土壤干容重测量结果见表 2.2，计算可得实验室土槽中的土壤的干容重约为 1.285g/cm^3。

表 2.2 土壤干容重

土槽编号	1	2	3	4
容重/(g/cm^3)	1.305	1.280	1.265	1.290

第 3 章　试验条件及试验原理

本章主要对试验场地、试验中所使用的仪器设备及试验原理进行简要介绍。试验场地概况主要包括人工降雨试验中所需的土槽、人工降雨设备等。试验设备仪器的简单介绍主要包括建设工艺技术研究中所需的雨量计、径流仪、土壤水分监测系统及便携式土壤水分速测仪等。试验原理部分主要分为土柱试验和土槽试验。

3.1　试 验 条 件

3.1.1　试验场地概况

3.1.1.1　土槽

土槽为根据本试验专门定制的坡度可调节的铸铁土槽。土槽试验部分长为 1.5m，宽为 1m，槽深约为 1m；土槽底部为中部镂空的铸铁支架，高度约为 1m，主要为试验时在其周围放置径流仪和出水管而设计。土槽底部配置 4 个万向轮，便于移动位置，如图 3.1(a) 所示。为防止雨水沿土槽内壁钢板连接缝隙处渗漏，影响数据的准确性，试验前采用防透水复合土工布或者防透水防雨布铺设在土槽内壁四周，如图 3.1(b) 所示。

(a) 土槽

(b) 铺设防透水复合土工布的土槽

图 3.1　试验现场土槽装置图

在土槽另一端，自上而下在槽身 25cm 和 85cm 的位置打孔，孔直径大约为 5.5cm，设为出流口；在出流口位置布置用弯管连接的双向相通的垂直式 PVC 管 (图 3.2)，收集出流，将 PVC 管两头用双层纱网包裹，防止泥土、石块等杂质进入 PVC 管中或者造成 PVC 管进水口的堵塞，用土工织布包裹在 PVC 管和土槽的接口处，防止漏水影响试验精度。

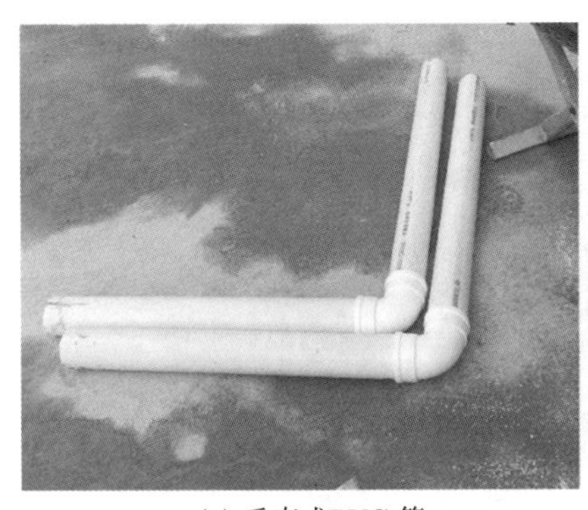

(a) 垂直式PVC 管

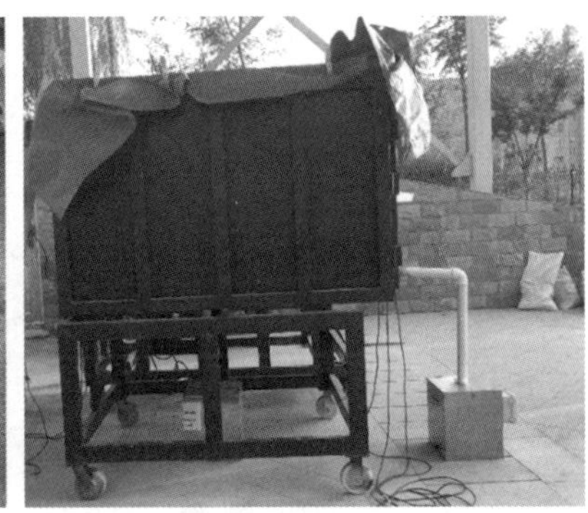

(b) PVC 管连接土槽出水口与径流仪

图 3.2 PVC 管与土槽装置连接图

3.1.1.2 **人工降雨设备**

人工降雨设备为济南市水文局腊山分洪工作站室外降雨大厅的降雨装置，系统主要由工控机、可编程序控制器、水泵、电动调节阀、喷淋电磁阀及人工降雨测控软件组成。降雨强度可调节，雨强范围为 0~5mm/min。

(a) 室外人工降雨大厅

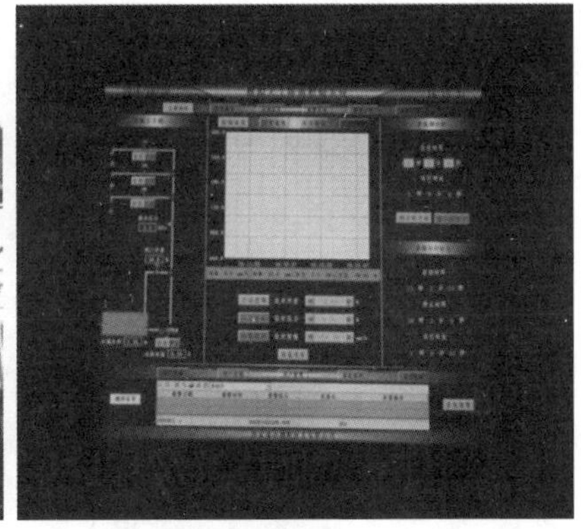

(b) 人工降雨大厅控制台操作界面

图 3.3 室外人工降雨大厅现场图

该人工降雨大厅位于腊山分洪工作站的径流小区旁，属于室外人工降雨装置，降雨后利于土壤蒸发，且试验环境更接近天然的降雨环境与蒸发环境。但降雨时易受风影响，因此降雨前应注意观察天气，选择无风天气或风较小的时间段降雨，保证降雨均匀性。室外人工降雨大厅如图 3.3 所示。

3.1.2　试验设备仪器

3.1.2.1　便携式土壤水分速测仪

便携式土壤水分速测仪的原理为国际上最流行的现场测试土壤水分原理——频域反射原理 (frequency domain reflectometry，FDR)，用于测定前期初始土壤含水量，以保证每次试验初始土壤含水量基本一致。便携式土壤水分速测仪如图 3.4 所示。

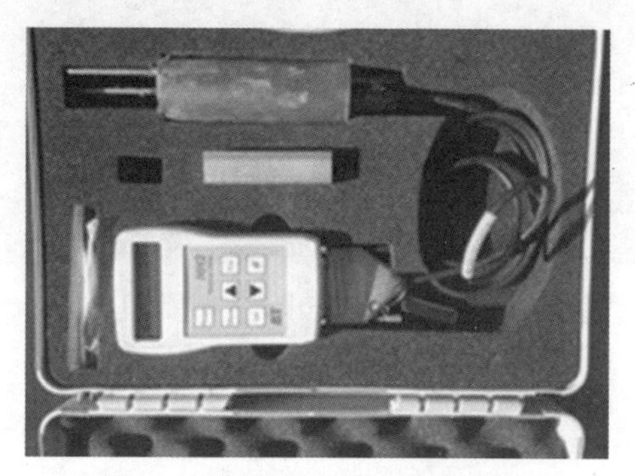

图 3.4　便携式土壤水分速测仪

3.1.2.2　翻斗式流量计

本试验中使用的翻斗式流量计为根据试验方案专门定制的流量计。地表径流流量计的翻斗感量为 (200±50)mL/斗，壤中流流量计的翻斗感量为 (100±10)mL/斗，开启后可实时监测记录。翻斗式流量计如图 3.5 所示。

图 3.5　翻斗式流量计

3.1.2.3　土壤水分监测系统

土柱试验中使用的土壤水分传感器是 4 通道插片式土壤湿度传感器 S-SMD-

M005，如图 3.6(a) 所示。该设备是由 Decagon 公司生产的。湿度数据转换为 HOBO-Smart 数字输出，连接 4 通道 Hobo 记录仪，开启后可实时监测记录。

土槽试验中采用的是 LT-CG-S/D-103-3M5500-12 土壤温度、土壤水分无线传感器，如图 3.6(b) 所示。该设备基于 433MHz 全球免费无线射频频率，DC 6～24V 供电，可同时测量 3 路不同位置的土壤温度、土壤水分数据，可选配液晶屏滚屏显示全部土壤温度、水分参数，3 路土壤温度、土壤水分二合一检测、发送。

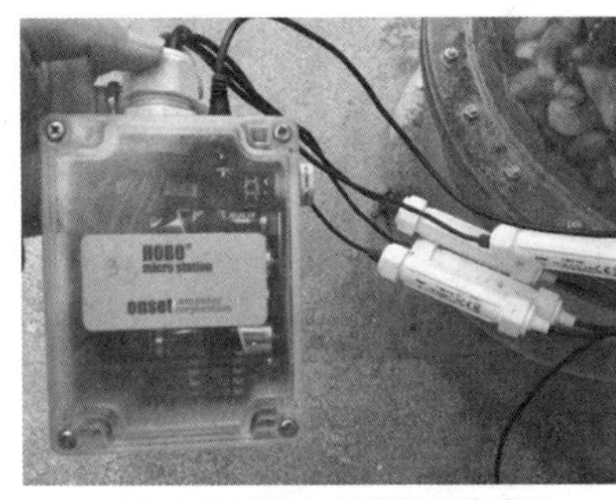

(a) 土柱试验中土壤水分传感器

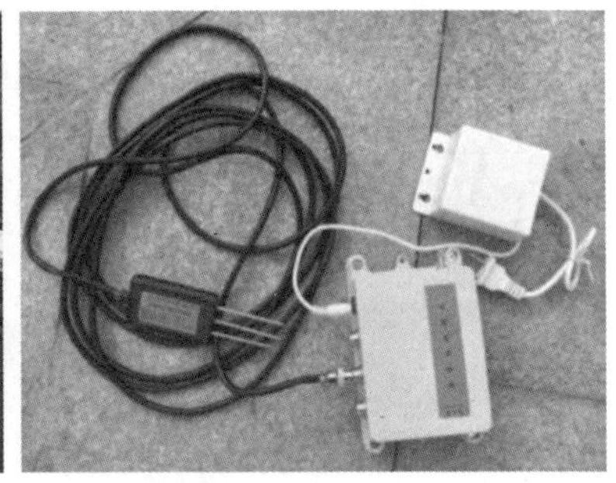

(b) 土槽试验中使用的土壤水分监测系统

图 3.6 土壤水分监测系统

3.1.2.4 雨量计

本试验所使用的雨量计为美国 Onset HOBO 的 RG3-M 型雨量计，如图 3.7 所示，是一种自动记录、电池供电、自带数据采集器的翻斗式雨量记录仪。其雨量测量范围达 320cm，分辨率为 0.2mm，可存储 16000 个数据，可测量温度，温度测量范围为 −20 ～70℃。

图 3.7 雨量计

3.1.2.5 土柱仪

本试验采用的土柱仪型号为 DYS047-I，容器尺寸为 Φ350mm×800mm，如

图 3.8(a) 所示。供水瓶为马氏瓶，主体为有机玻璃圆筒一次成型，左右两侧各开 6 个圆孔，侧面圆孔由橡皮塞堵住，如图 3.8(b) 所示。下部起 15cm 安装有法兰盘，橡皮塞上安装管径小于 10mm 导水玻璃管 1 根。为防止沙土进入底部，仪器下部渗水部分与上部用法兰盘连接，进行防渗水处理，上下法兰盘用螺丝连接，方便拆卸，过滤板一次成型，抗挤压，连接面上有滤沙网。

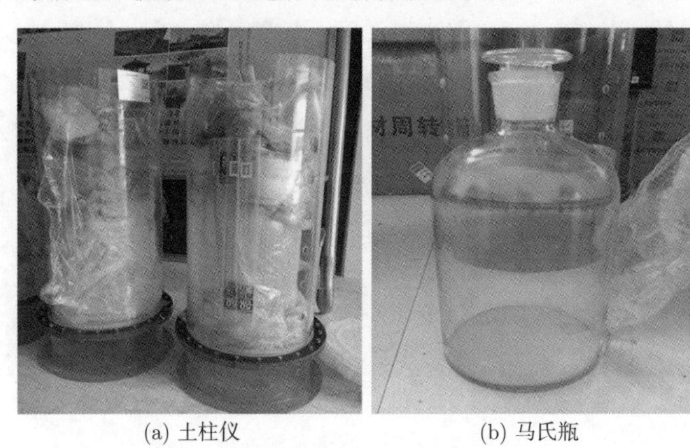

(a) 土柱仪　　(b) 马氏瓶

图 3.8　土柱试验仪器

3.1.2.6　电子分析天平

试验采用的电子分析天平型号为 BSM-3200.2，如图 3.9 所示。该电子分析天平的量程为 3200g，精度为 0.01g，具有液晶显示屏和水准气泡。使用前先调节水准气泡，分析天平主要用于试验中称量高性能吸水树脂和蛭石。

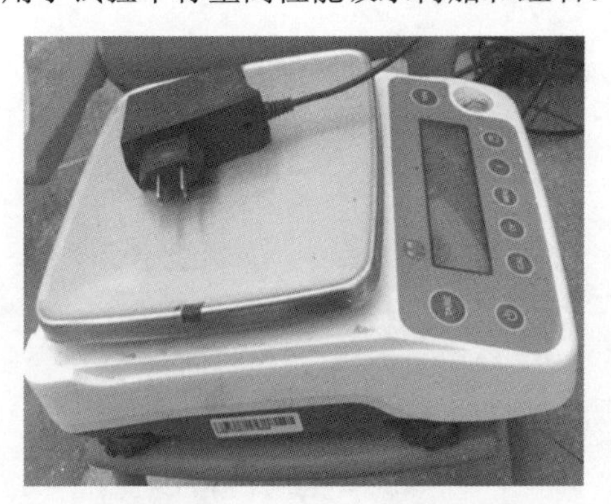

图 3.9　电子分析天平

3.1.2.7　烘箱

本试验所用烘箱外壳采用薄钢板制作，表面烤漆，工作室采用优质的结构钢板制作。烘箱外壳与工作室之间填充硅酸铝纤维，温度控制仪表采用数显智能表，可手动调节烘箱温度，温度调节范围为 0~200℃。在试验中烘箱主要用于人工复合土壤烘干，烘箱如图 3.10 所示。

图 3.10 烘箱

3.1.2.8 土壤张力计

土壤水分受土壤孔隙的毛管引力和土粒的分子引力的作用，使土壤孔隙中的水分处于负压 (吸力) 状态，土壤吸力越大，土壤孔隙中的水分越少，土壤含水量也就越低；反之，土壤吸力越小，土壤孔隙中的水分越多，则土壤含水量越高。所以土壤湿度计指示的数据能大致反映出土壤的含水量状况，负压式土壤湿度计 (也称张力计) 就是测定这种土壤吸力 (或称土壤基质势) 的仪器 [95,96]。

试验中张力计由陶土头、腔体、集气室、计量指标器等部件组成，如图 3.11 所

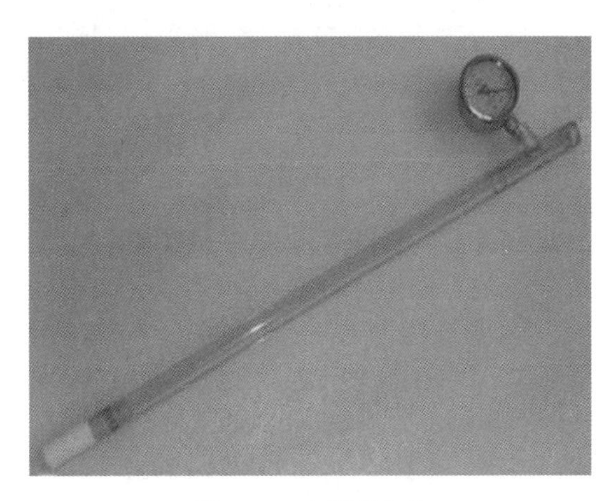

图 3.11 土壤张力计

示。陶土头是仪器的感应部件，具有许多微小的孔隙，陶土头被水浸润后，在孔隙中形成一层水膜。当陶土头中的孔隙全部充水，孔隙中水就具有张力，可保证水在一定压力下通过陶土头，但阻止空气通过。当内部充满水且密封的土壤湿度计插入水分不饱和的土壤中时，水膜就与土壤水连接起来，产生水力上的联系。这样真空表指示的负压就是土壤水吸力 [97]。

3.2 试验原理

3.2.1 土柱试验

土壤水分入渗过程一般分为 3 个阶段。

第一个阶段为渗润阶段。该阶段内，土壤含水量较小，分子力与毛管力作用都很大，同时还有重力的作用，此时土壤的吸水能力很大，以至于入渗初期的初始下渗容量特别大，而且由于分子力与毛管力是随着土壤含水量的增加而快速减小的，使得下渗容量会迅速递减。

第二个阶段是渗漏阶段。土壤颗粒的表面已经形成水膜，分子力的作用几乎趋近于零，此时水主要是在毛管力与重力的作用下缓慢向土壤中入渗，下渗容量明显比渗润阶段有所减小，而且由于毛管力会随着土壤含水量的增加趋向于减小，所以在这个阶段下渗容量的递减速度会趋于缓慢。

第三个阶段是渗透阶段。在该阶段中，土壤含水量已经达到田间持水量以上，此时不仅分子力早已没有任何作用，毛管力也不再起到作用。控制这个时段下渗的作用力仅仅为重力。相比于分子力与毛管力，重力仅是一个小而稳定的作用力，所以在渗透阶段，下渗容量必定能达到一个稳定的极小值，即为稳定下渗率。

在土柱试验中，是由马氏瓶供水，即在一个封闭的马氏瓶管口上部设置一个进水口，以便给马氏瓶装水，下端侧壁上设置一个进气孔和阀门，用来控制马氏瓶内的气压。当马氏瓶里的水和土柱仪里的水连通成为一个供水系统时，平衡后各点之间的压力关系为

$$P_{\mathrm{c}} + h_1 = P_{\mathrm{b}} = P_{\mathrm{a}} \tag{3.1}$$

式中，P_{a} 为大气压，$\mathrm{Pa/cm^2}$；P_{c}、P_{b} 分别为 c、b 位置高度的大气压值，$\mathrm{Pa/cm^2}$；h_1 为马氏瓶容器内 b 点以上的水柱高，cm。

土柱试验开始后，当土柱仪中的水位因水分的入渗而有微小降低时，马氏瓶里的水在势能的作用下流入土柱仪中，使土柱仪中的水位保持不变，仍旧稳定在原来的高度。由于土柱仪内水分的入渗，马氏瓶内的水及时补充了土柱仪内下渗的水，使马氏瓶里的水位有所下降，就引起式 (3.1) 中 h_1 的减小，则 $P_{\mathrm{c}} + h_1 < P_{\mathrm{b}}$，此时马氏瓶中的气压小于外界大气压，外界的空气就会通过侧壁上的进气口进入马氏

瓶里使得 P_c 增大，以保持马氏瓶内的气压达到新的平衡。当土桶中的水不断向土柱入渗时，就会连续重复上述的平衡过程，这样就可以根据马氏瓶中水位高度的读数测记出 h_1 的值，即是垂直土柱的入渗水量。

土柱试验中，累计入渗量的计算公式为

$$\Delta t\text{时段内入渗水量 (mm)} = (H_2 - H_1) \times S_{\text{马氏瓶}}/S_{\text{土柱内环}} \tag{3.2}$$

$$\text{累计入渗量}(mm) = \Delta t_1\text{时段内入渗水量} + \Delta t_2\text{时段内入渗水量} \tag{3.3}$$

入渗率即为单位时间的入渗量，其计算公式为

$$\text{入渗率(mm/min)} = \text{累计入渗量}/\Delta t \tag{3.4}$$

式中，H_1、H_2 分别为 t_1、t_2 时刻马氏瓶水位高度的读数；$S_{\text{马氏瓶}}$、$S_{\text{土柱内环}}$ 分别为马氏瓶面积、土柱内环面积。

3.2.2 土槽试验

在降雨过程中，部分降雨量被植物截留，这部分雨水主要消耗于蒸散发；降落到土壤表面的雨水，一部分下渗到土壤中，另一部分在地表形成地表径流。当降雨强度大于下渗强度时，雨水按照下渗能力进行下渗，而超出下渗能力的部分首先填满地面的洼地。洼地中的水最后被蒸发或下渗。随着降雨的持续，超渗水越来越多，逐渐开始产生地表径流。同时，降落在地表的雨水不断补充地下水，土壤含水量逐渐上升，土壤下渗率逐渐减小，当土壤含水量达到饱和后，土壤下渗率达到稳定。进入土壤中的雨水，一部分从坡面流出，成为壤中流；一部分继续向下下渗，流至地下水面后会以地下水的形式汇入河流，补充地下水。土壤下渗量对地表径流量呈反比关系，同时下渗量的大小对土壤水分的增长及表层流与地下径流的形成也有一定的影响[98]。

区域自然下渗过程要比单点下渗复杂得多。首先，降雨面积内的土壤性质在空间上存在异质性，沿垂向的分布也不均匀，即使是同类土壤，其地面坡度、植被等情况也有差异；其次，降雨开始时流域内的初始土壤含水量在空间上呈不均匀分布；再次，现实条件的降雨在时间和空间上均存在不均一性；最后，流域内的各点处地下水位高度有差异。为解决上述问题，在选择土壤铺设下垫面时要尽可能地对设计对比条件以外的各种因素进行控制，采用济南市水文局腊山分洪工作站降雨大厅的人工模拟降雨装置进行均匀降雨，同时监测土壤含水量和各出流口的出流量，以便进行水量平衡验证分析。

3.2.2.1 水量平衡原理

水量平衡原理是指任意选择的区域或水体，在任意时段内，其收入的水量与支出的水量之间的差额必定等于该时段内区域内蓄水量的变化，因此，水量平衡实际

上就是系统的水量收支平衡。水量平衡原理是水文学中最重要的基础理论与基本方法之一。

根据水量平衡原理，对于某一区域，可将水量平衡的定量表达式写为

$$W_{\mathrm{I}} - W_{\mathrm{O}} = \Delta W_{\mathrm{S}} \tag{3.5}$$

式中，W_{I}、W_{O} 分别为给定时段内输入、输出该区域的水量；ΔW_{S} 为给定时段内区域蓄水量的变化 (可正可负)。

在人工模拟降水试验过程中，输入量主要是降水量 Q，可通过雨量计测得；输出量 $Q_{出}$ 主要是通过翻斗式流量计测得。下沉式绿地蓄水量变化可通过前期土壤含水量 G_1 与后期土壤含水量 G_2 换算求得，其水量平衡方程如下：

$$Q_{入} = Q - Q_{出} - E \tag{3.6}$$

式中，$Q_{入}$ 为土壤入渗量，mL；Q 为降水量，mL；$Q_{出}$ 为出流量，mL；E 为蒸发量，本试验蒸发量取 0。

3.2.2.2　径流系数

径流系数是在一定汇水面积内，总径流量 (mm) 与降水量 (mm) 的比值，受地形、下垫面类型、雨强、雨型等因素的影响。济南市的暴雨强度计算公式为

$$q = \frac{1869.916\,(1 + 0.7573\lg P)}{(t + 11.0911)^{0.6645}} \tag{3.7}$$

式中，q 为设计暴雨强度，L/(s·hm^2)；t 为降雨历时，min；P 为重现期，a。

从式 (3.7) 中以看出，q 只与 t 的变化有关，所以总降水量的计算公式为

$$Q = \int_0^T 3600 \frac{q}{1000} A \mathrm{d}q \tag{3.8}$$

式中，Q 为降水量，mL；T 为降雨历时，min；A 为下垫面面积，hm^2。

径流系数为

$$\alpha = \frac{Q_{出}}{Q} \tag{3.9}$$

式中，$Q_{出}$ 为出流量，mL；α 为径流系数。

为了研究单个因素对径流系数的影响，本试验对除研究影响因素以外的其余影响因素进行严格控制，每次试验前对初始土壤含水量进行测量，以保证初始土壤含水量控制在一定范围内。

第 4 章　人工复合土壤的使用性能

高吸水性树脂在土样中的吸水倍率和土样含水量的大小直接反映了吸水树脂对土样持水性能的影响。本章在考虑济南市的气候条件和空间条件的情况下，对两种不同的高性能吸水树脂的吸水性和释水性开展对比试验，选出适合济南市褐土的高性能吸水树脂。

4.1　试 验 设 计

4.1.1　试验材料

本章中选用的两种不同的高性能吸水树脂材料如下：

(1) 河北任丘市金誉化工有限公司生产的农林 - 抗旱高吸水性树脂材料 (本章将其简称为 SAP1)，已广泛应用于植树造林、草坪建植、苗木繁育等，其具有多次吸收水分和养分的效果，是节能环保产品。

(2) 山东优索样品公司生产的新型功能高分子吸水材料 (本章将其简称为 SAP2)，其化学成分是低交联型聚丙烯酸钠盐，它能吸收比自身重几百或上千倍的去离子水。

4.1.2　试验步骤

将试验土壤风干后过 1mm 土壤筛，准确称取 200g 为 1 份，备用。两种规格的高吸水性树脂均设置质量浓度为 0.1%、0.25%、0.5%、0.75%、1%五组进行处理。将吸水树脂的每个处理都与干燥土混合均匀，放入离心机配套环刀中，浸泡 24h，使其充分吸水，用称重法测定土壤饱和含水量。然后将吸水饱和的样品放入离心机中，加压范围为 0.01~1.4MPa，每次离心 20min，平衡后取出样品，测定土壤含水量。试验重复 5 次，取平均值，以减少误差。该部分试验均在济南市水文局腊山分洪工作站的实验室完成，由实验室的工作人员代为测量相关数据。

4.2　吸　水　性

4.2.1　人工复合土壤含水量

一般土壤中，0~1.5MPa 吸力下保持的水分是作物利用的有效水分，田间持水量是毛管悬着水达到最大时的土壤含水量，是可供植物利用的主要水分类型。其中又以 0~0.05MPa 的水分最适宜。一般把 0.03MPa 或 0.033MPa 水吸力时的土壤含水量作为田间持水量[99]。土壤含水量不能充分反映土壤水分的全部情况及有效性，而土壤水势反映土壤对水分的吸纳能力及土壤水分对作物的供给状况，是进行水分控制时比较常用的参考指标。土壤水吸力与土壤水势的数值相同，但符号相反，为避免使用土壤水势负值的麻烦，所以本试验中采用土壤水吸力处理问题。

本试验中针对三个土壤水吸力点 (0.05MPa、0.8MPa、1.25MPa)，并对高性能吸水树脂混合比分别为 0.1%和 0.5%的土壤含水量的变化情况进行对比，其试验结果如表 4.1 所示。

表 4.1　不同土壤水吸力下使用高性能吸水树脂对土壤含水量的影响

土壤水吸力/MPa	SAP 混合比/%	土壤含水量	
		SAP1	SAP2
0.05	0.1	18.77%	16.45%
	0.5	26.18%	20.4%
	0.5/0.1	1.39	1.24
0.8	0.1	13.53%	11.01%
	0.5	17.05%	13.1%
	0.5/0.1	1.26	1.19
1.25	0.1	11.68%	10%
	0.5	14.04%	11.61%
	0.5/0.1	1.2	1.16

在土壤水吸力为 0.05MPa，高性能吸水树脂混合比为 5:1000 的条件下，吸水树脂 SAP1 对应的土壤含水量较高，为 26.18%左右，而 SAP2 仅为 20.4%左右，可见 SAP1 的作用效果优于 SAP2。这一规律在 0.8MPa 和 1.25MPa 的土壤水吸力下依然保持，只是整体而言，两者对土壤水含量的增幅有所下降。

对比两个不同混合比下高性能吸水树脂对土壤含水量的影响可知，评价高性能吸水树脂在褐土中的适用性，吸水树脂的混合比是一个不能忽略的因素，不同的混合比条件下，吸水树脂的吸水性能将发生变化。当前试验条件下，对于两种高性能吸水树脂而言，无论是在哪种土壤水吸力条件下，SAP 混合比越大，对土壤含水量的增幅越大，这一规律对 SAP1 和 SAP2 都适用。

由表 4.1 还可看出，随着土壤水吸力增大，高性能吸水树脂对土壤含水量增加的幅度逐渐减小。当土壤水吸力从 0.05MPa 到 0.8MPa 变化时，SAP 混合比为 0.5%和混合比为 0.1%的土壤含水量的比值减小较大，范围在 0.05~0.13；当土壤水吸力从 0.8MPa 到 1.25MPa 变化时，SAP 混合比为 0.5% 和混合比为 0.1%的土壤含水量比值减小较小，仅为 0.03~0.06，这说明当土壤水吸力增大到 1.25MPa 时，高性能吸水树脂受土壤水吸力的影响，向土壤中释放的水量非常少。

此外，从整体上看，无论是在相同土壤水吸力相同浓度条件下，还是在不同土壤水吸力相同浓度条件下，本试验中所使用的 SAP1 对土壤水含量的影响始终比 SAP2 要大，且对土壤水含量的提高作用明显，更适合在济南市褐土中使用。

以上结果也说明吸水树脂主要活动区间在土壤低吸力段 (0.8MPa) 以下，且在 0.01~0.05MPa 可以发挥其最大保水与释水作用；当土壤水分消耗到高吸力阶段，增加保水剂含量对提高土壤水分含量的意义不大。

4.2.2 人工复合土壤饱和含水量

土壤饱和含水量代表土壤的最大蓄水能力，由土壤物理性质决定，是土壤水分管理中的重要指标 [55]。试验中用含水量相对增加率来表示处理后与处理前的土壤含水量变化结果，对试验中两种高性能吸水树脂分别以 0.1%、0.25%、0.5%、0.75% 和 1% 五个混合比水平测定济南市褐土饱和含水率，结果如表 4.2 所示。

表 4.2 不同浓度高性能吸水树脂的褐土饱和含水率

SAP 混合比/%	SAP1		SAP2	
	饱和含水量/%	相对增加率%	饱和含水量/%	相对增加率/%
0.1	40.46±0.42	13	39.87±0.41	12
0.25	42.02±0.51	19	40.56±0.27	16
0.5	45.12±0.56	26	42.22±0.36	21
0.75	47.86±0.22	33	45.37±0.23	27
1	54.30±0.31	50	47.69±0.18	36

从表 4.2 可看出，对 SAP1、SAP2 两个品种，其共同特点：随着 SAP 混合比增大，褐土土壤的饱和含水量增大。在 0.1%混合比下，两种高性能吸水树脂的土壤含水量增加量相差不大，增幅都在 12%左右。从 0.25%混合比开始，高性能吸水树脂 SAP1 逐渐表现出优越性，直到 0.75%的混合比，吸水树脂 SAP1 均比 SAP2 高出 3~6 个百分点。在混合比为 1%时，两种吸水树脂对褐土中土壤含水量的增加量均达到最大值，分别为 50%、36%，此时 SAP1 的增加量比 SAP2 多 14%。

由此可见，不同的高性能吸水树脂在相同的质量浓度下、同种吸水树脂在不同的质量混合比下对土壤含水量的影响都表现出明显的差异性。总体而言，在吸水性树脂混合比比较低的情况下 (小于 0.25%) 两种吸水树脂对提高褐土土壤饱和含水量的区别并不明显，都维持在 40%左右。而在混合比较高的条件下 (大于等于 0.5%)，两种高性能吸水树脂对提高褐土土壤饱和含水量的差距越来越大，而且 SAP1 比 SAP2 效果更好。

从图 4.1 可以看出，两种吸水树脂的差异较为明显，虽然饱和含水量的整体趋势都是随着高性能吸水树脂 SAP1 和 SAP2 混合比的增大而增大，但对土壤的饱和含水量影响差异越来越大。观察这两条曲线的走势不难发现，SAP1 符合三次函数增长规律，SAP2 基本符合二次函数的增长规律。土壤含水量与高性能吸水树脂混合比的关系拟合曲线如表 4.3 所列。

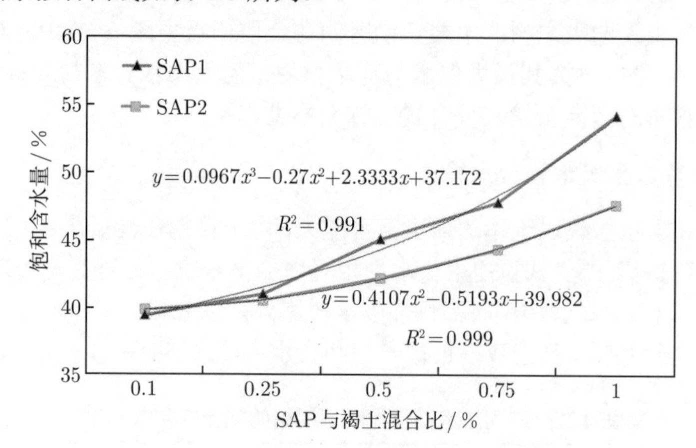

图 4.1 济南市褐土饱和含水量随 SAP 混合比变化趋势

表 4.3 土壤含水量与高性能吸水树脂混合比的关系曲线拟合

SAP 种类	土壤含水量与高性能吸水树脂混合比关系	
SAP1	$\theta = 0.0967\text{SAP}^3 - 0.27\text{SAP}^2 + 2.3333\text{SAP} + 37.172$	$R^2=0.991$
SAP2	$\theta = 0.4107\text{SAP}^2 - 0.5193\text{SAP} + 39.982$	$R^2=0.999$

注：θ 表示土壤含水量，%；SAP 表示土壤中高性能吸水树脂的混合比，%。

4.3 脱 水 性

当土壤中施入一定量吸水树脂时，由于吸水树脂本身可以吸收大量水分，故可使土壤含水量增加，而高吸水性树脂所吸持的水分的释放比较缓慢，因此，可有效防止土面蒸发而造成的土壤水分流失，提高土壤含水量，为作物生长提供所必需的水分。

4.3.1 人工复合土壤水分特征曲线

土壤水分特征曲线是评价土壤基本水力特性的重要指标。它描述的是土壤水基质势与含水量之间的关系，对研究土壤水分的滞留和运移有重要的作用 [51]。由于土壤水基质势为负值，并且与土壤水吸力数值相等、符号相反，因此土壤含水量和土壤水吸力之间的关系曲线也通常用来表示土壤水分特征曲线。

一般土壤水分特征曲线随土壤水吸力由小增大过程的变化规律为：当土壤水

分饱和，土壤水吸力为零，水分不出流；继续增大土壤水吸力至某一临界值，土壤水分开始缓慢流出，土壤含水量减小，此时水分主要来自土壤大孔隙，对应的临界土壤水吸力称为进气吸力；继续增大土壤水吸力，土壤中小孔隙中储存的水分开始出流，土壤含水量继续减小，土壤基质势降低。因此，含水量和基质势之间的对应关系就被刻画出来，也即水分特征曲线。但对不同土壤，含水量降低趋势和水吸力的对应关系都不一致，主要取决于土壤质地和结构。如果土壤中刚开始没有水分，一直吸水至饱和状态，此时对应的含水量变化与水吸力之间的关系称为土壤吸湿曲线，且与土壤从饱和开始一直排水的脱湿曲线正好相反。许多研究结果表明，脱湿和吸湿两种过程中对应的水分特征曲线不一样，这一现象称为滞后现象。在同样的持水条件下，脱湿过程水吸力较吸湿过程水吸力大 [55]。

本书主要以济南市为研究区，济南属于半湿润区，主要研究高吸水性树脂对土壤含水量的影响，因此本试验采用脱湿曲线来反映土壤水分特征。在土壤中加入保水剂之后，对土壤能量会产生很大的影响，从而改变土壤能量状态，影响土壤对水分的吸收和释放，并直接影响土壤中水分的运动过程。本试验将高性能吸水树脂 SAP1 和 SAP2 分别以 0、0.1%、0.25%、0.5%、0.75%和 1%六组混合比混合，在 0~1.25MPa 的水吸力条件下进行，试验得到的土壤水分特征曲线如图 4.2 和图 4.3 所示。

从图 4.2 和图 4.3 中可看出，在试验土壤水吸力范围内，同等土壤水吸力条件下，两种高性能吸水树脂对提高土壤含水量的作用与吸水树脂浓度呈正相关，且均高于对照组土壤含水量。比如当土壤水吸力为 0.12MPa 时，在高性能吸水树脂

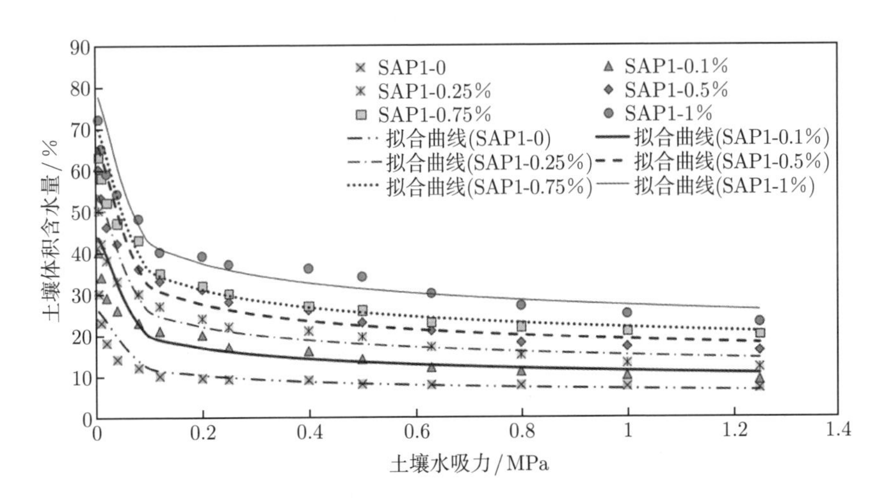

图 4.2 高性能吸水树脂 SAP1 作用下褐土水分特征曲线

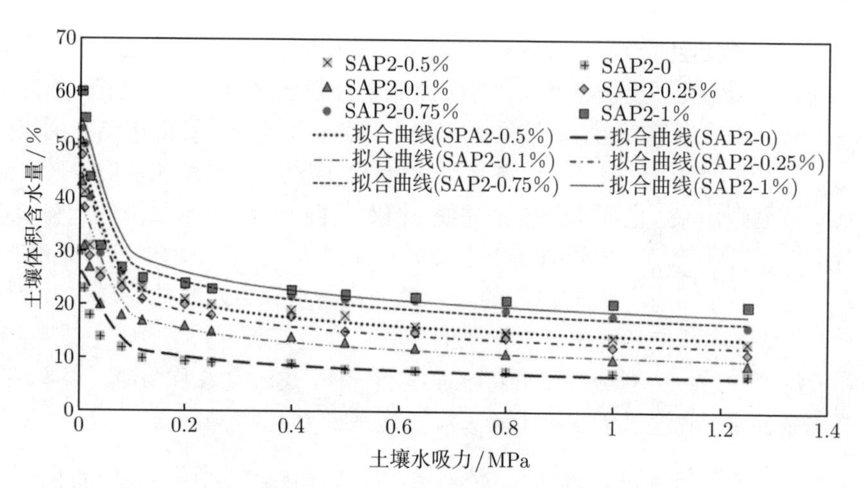

图 4.3　高性能吸水树脂 SAP2 作用下褐土水分特征曲线

SAP1 混合比分别为 0、0.1%、0.25%、0.5%、0.75%、1%时，对应的土壤含水量分别为 10%、21%、27%、33%、35%、40%。

在一定有限吸力范围内，目前已有许多学者研究过定量地表示土壤水吸力与土壤含水量之间关系的方程，并提出了一些经验性方程模型。这些模型虽然形式各不相同，但实质都类同于 Gardner 等 [100] 提出的幂函数模型：

$$\theta = a \times S^{-b} \tag{4.1}$$

式中，θ 为土壤体积含水量；S 为土壤水吸力；a、b 为参数。

本试验选用 Gardner 的幂函数模型拟合土壤水分特征曲线，两种吸水树脂在试验土壤水吸力段的土壤水分特征曲线拟合结果见表 4.4，曲线拟合相关系数 R^2 都在 0.90 以上，拟合精度较高。

表 4.4　针对济南市褐土的土壤水分特征曲线拟合结果

SAP 品种	混合比/%	土壤水分特征曲线 (θ 曲线)	比水容量变化曲线 [$C(\theta)$ 曲线]	相关系数
SAP1	0.1	$\theta = 11.16 \times S^{-0.25}$	$C = 2.79 \times S^{-1.25}$	R^2=0.956
	0.25	$\theta = 14.98 \times S^{-0.24}$	$C = 3.59 \times S^{-1.24}$	R^2=0.956
	0.50	$\theta = 18.86 \times S^{-0.23}$	$C = 4.34 \times S^{-1.23}$	R^2=0.964
	0.75	$\theta = 21.81 \times S^{-0.21}$	$C = 4.58 \times S^{-1.21}$	R^2=0.980
	1.00	$\theta = 27.14 \times S^{-0.19}$	$C = 5.16 \times S^{-1.19}$	R^2=0.963
SAP2	0.1	$\theta = 10.28 \times S^{-0.24}$	$C = 2.47 \times S^{-1.24}$	R^2=0.976
	0.25	$\theta = 12.78 \times S^{-0.23}$	$C = 2.94 \times S^{-1.23}$	R^2=0.975
	0.50	$\theta = 14.37 \times S^{-0.22}$	$C = 3.16 \times S^{-1.22}$	R^2=0.976
	0.75	$\theta = 17.43 \times S^{-0.20}$	$C = 3.49 \times S^{-1.20}$	R^2=0.959
	1.00	$\theta = 18.86 \times S^{-0.20}$	$C = 3.77 \times S^{-1.20}$	R^2=0.924

注：θ为土壤体积含水量，cm^3/g；S 为土壤水吸力，MPa；C 为土壤比水容量，$cm^3/(MPa \cdot g)$。

4.3.2 人工复合土壤比水容量

本试验中使用的两种吸水树脂在不同的浓度具有显著差异，主要表现在相同土壤水吸力下保持的水分不同。但是，土壤持水量提高了，其有效水分是否增加还要看相同土壤水吸力条件下所释放的水量，需通过土壤比水容量计算才能确定。

比水容量是土壤水分特征曲线的斜率，是反映土壤水分有效性的一个强度指标，其含义为土壤水吸力增加或减少一单位时所释放或吸收的含水量 [55]。根据比水容量的定义，对土壤水分特征曲线进行求导，从而得到与压力对应的比水容量，将比水容量与土壤含水量的关系拟合，即可以表示出单位比水容量变化时土壤含水量的变化量，从而判断出在不同水吸力段内，土壤水分的利用效率。土壤比水容量的公式如下：

$$C(\theta) = -\frac{\mathrm{d}\theta}{\mathrm{d}S} = a \times b \times S^{-(b+1)} \tag{4.2}$$

根据土壤水分特征曲线，得到土壤比水容量曲线关系如表 4.4 所示。由 $C(\theta)$ 曲线和表 4.5 可以看出，土壤比水容量随土壤水吸力的增大呈降低趋势，但是在田间持水量到凋萎系数之间土壤水分的有效程度也不相同。目前认为当土壤比水容量达到 10^{-2} 数量级时，基本标志水分已处于或大致相当于植物生长阻滞点到凋萎湿度这一区间的下限。表 4.5 列出了在 0.1%和 0.5%混合比时两种吸水树脂作用下几个重要土壤水吸力点上的比水容量。

表 4.5 褐土在不同土壤水吸力下的比水容量 [单位：$\mathrm{cm^3/(MPa{\cdot}g)}$]

土壤组	田间持水量 (0.03MPa)	生长阻滞点 (0.2MPa)	凋萎系数 (1.5MPa)
0.1%SAP1	2.23	2.08×10^{-1}	1.68×10^{-2}
0.5%SAP1	3.24	3.14×10^{-1}	2.63×10^{-2}
0.1%SAP2	1.91	1.81×10^{-1}	1.49×10^{-2}
0.5%SAP2	2.27	2.25×10^{-1}	1.92×10^{-2}
对照组	1.36	1.27×10^{-1}	1.03×10^{-2}

通过表 4.4 中曲线拟合结果可知，$C(\theta)$ 曲线为单调递减函数。对比表 4.5 中的比水容量可知，对照组比加入了高性能吸水树脂的处理更先到达 10^{-2} 数量级的土壤比水容量。当混合比都为 0.1%时，高性能吸水树脂 SAP2 在各个土壤水吸力点上的土壤比水容量比 SAP1 更低，当混合比为 0.5%时，依然如此；并且 SAP2 比 SAP1 更容易到达 10^{-2} 数量级的土壤比水容量。由此可见，加入吸水树脂的土壤释水速率更慢，加入 SAP2 的土壤释水速率大于 SAP1，且加入的高性能吸水树脂混合比越高，释水速率越慢，但是混合比过高，在汛期时高性能吸水树脂吸收的水量不容易释放，可能会影响它下一次的吸水性能。因此，将高性能吸水树脂运用到“海绵城市”的工程实践中时，混合比并不是越大越好。

4.3.3　人工复合土壤水分有效性

高性能吸水树脂的应用是否能起到增加土壤水分供应能力，关键在于它是否使土壤中有效水分增加。土壤有效水分贮量是评价土壤水分状况的一项重要指标。从田间持水量 (0.03MPa) 到凋萎系数(1.5MPa) 之间的含水量称为有效水量。根据土壤水分对植物生长有效性的原理，按照凋萎系数、生长阻滞含水量和田间持水量对土壤水分级分析，大多数研究认为在干旱半湿润地区常以土壤田间持水量 60%为生长阻滞点[101]。根据 4.3.1 小节中拟合得出的土壤水分特征曲线，可计算出混合比为 0.1%和 0.5%的两种吸水树脂在 0.03MPa、0.20MPa 和 1.5MPa 三个不同土壤压力势下的土壤水含量，如表 4.6 所示。

表 4.6　褐土在不同土壤水吸力下的土壤水分常数

土壤组	饱和含水量	田间持水 (0.03MPa)	生长阻滞点 (0.2MPa)	凋萎系数 (1.5MPa)
0.1%SAP1	40.85	26.82	16.69	10.08
0.5%SAP1	60.25	42.25	27.31	17.18
0.1%SAP2	43.85	23.85	15.13	9.33
0.5%SAP2	50.28	31.08	20.47	13.14
对照组	30.42	16.44	10.23	6.18

对于土壤水而言，大于田间持水量的有害水不利于植物的生长；速效利用水介于田间持水量和生长阻滞点之间，最容易被植物吸收利用；低效利用水介于生长阻滞点和凋萎系数之间，利用效率较低；不可利用水在凋萎系数以下，很难被植物利用。根据土壤有效水含量的定义，土壤有效水含量 = 田间持水量 − 凋萎系数，因此土壤有效水含量是速效利用水和低效利用水之和 [75]。褐土在不同处理下土壤水分有效性分类及含量如表 4.7 所示。

表 4.7　褐土在不同处理下土壤水分有效性分类及含量

土壤组	速效利用水/%	低效利用水/%	总有效利用水/%	不可利用水/%
0.1%SAP1	10.13	6.61	16.74	10.08
0.5%SAP1	14.94	10.13	25.07	17.18
0.1%SAP2	8.72	5.80	14.52	9.33
0.5%SAP2	10.61	7.33	17.94	13.14
对照组	6.21	4.05	10.26	6.18

从总体上看，土壤中加入 SAP 使得土壤有效水含量显著增加，在混合比为 0.1%的情况下，SAP1 和 SAP2 分别提高土壤有效含水量 1.63 倍和 1.42 倍；在混合比为 0.5%的情况下，SAP1 和 SAP2 分别提高土壤有效含水量 2.44 倍和 1.74 倍；从总有效利用水分来说，土壤中加入 SAP 有利于提高土壤有效水分，并且 SAP1 对褐土有效水分的提高效果优于 SAP2。从速效利用水占总有效利用水的百分比来

看，SAP1 和 SAP2 混合比为 0.1%时，所占比例分别为 60.51%、60.05%；SAP1 和 SAP2 混合比为 0.5%时，所占比例分别为 59.9%、59.14%；说明在低水吸力段比水容重降低得较快，释放出的有效水分多，较高水吸力段比水容重降低得较慢，释放出的有效水分较少。

4.4 本章小结

高性能吸水树脂靠着大量的超强吸水基团，通过高渗透缔合作用和自身存在的网状结构来吸取土壤里的水分。这种“吸取”的本质是吸水树脂通过吸收水分改变土壤水分的能量状态，从而达到延迟供水或者缓慢释水的作用。

土壤中加入高性能吸水树脂对提高土壤含水量具有显著作用，且混合浓度越大，土壤含水量的增幅越大；相同的混合浓度下，试验中所用的农用高性能吸水树脂 SAP1 比交联型吸水树脂 SAP2 对提高褐土的土壤水分效果更好。高性能吸水树脂对提高土壤有效水分具有显著作用，在土壤低水吸力段，有效水分释放多，土壤高水吸力段，有效水分释放少。

高性能吸水树脂本身可以吸收大量的水分，使土壤含水量增加，但它释放所吸持的水分是比较缓慢的，高性能吸水树脂混合比越高，释水速率越慢，但是混合比过高，吸收的水量不易释放，可能会影响下一次吸水性能。因此，将高性能吸水树脂运用到“海绵城市”的工程实践中时，高性能吸水树脂混合比不是越大越好。

第 5 章　人工复合土壤的工艺技术研究

高性能吸水树脂能有效提高土壤的保水性，但不同配置的人工复合土壤条件对土壤水分入渗性能及变化过程的影响不同。为了追踪土壤水分的累积入渗量、入渗率及湿润锋的动态变化，本章通过设置多组对比土柱试验探究掺加高性能吸水树脂人工复合土壤的适合铺设位置、铺设深度及高性能吸水树脂与褐土适宜的混合比。

5.1　土柱试验

5.1.1　试验方案

考虑不同铺设厚度、铺设位置和混合比 (SAP/土壤) 三种因素的变化，设置了 31 种不同的复合土壤方案，如表 5.1 所示。

表 5.1　土柱试验设计表

试验组	混合比/%	铺设厚度/cm	铺设位置 ($H_1 \sim H_2$)/cm
1		对照组	
2	0.05	10	15~25
3	0.075	10	15~25
4	0.1	5	15~20
5	0.1	8	12~20
6	0.1	10	0~10
7	0.1	10	5~15
8	0.1	10	10~20
9	0.1	10	15~25
10	0.1	10	20~30
11	0.1	12	8~20
12	0.1	12	13~25
13	0.1	15	10~25
14	0.1	15	15~30
15	0.1	17	3~20
16	0.1	17	8~25
17	0.1	20	0~20
18	0.1	20	5~25
19	0.1	20	10~30
20	0.1	23	2~25

续表

试验组	混合比/%	铺设厚度/cm	铺设位置 (H_1~H_2)/cm
21	0.1	25	0~25
22	0.1	25	5~30
23	0.1	30	0~30
24	0.15	10	15~25
25	0.2	10	15~25
26	0.25	10	15~25
27	0.3	10	15~25
28	0.4	10	15~25
29	0.5	10	15~25
30	上层 5cm 0.1%, 下层 5cm 0.2%	10	15~25
31	上层 5cm 0.2%, 下层 5cm 0.1%	10	15~25

对照组为无掺加 SAP 的人工复合土壤，均为天然褐土。对照组和试验组的土柱试验示意图如图 5.1 所示。

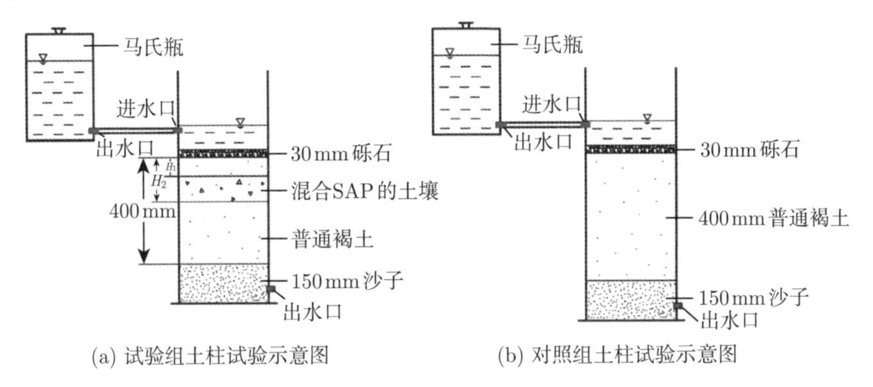

(a) 试验组土柱试验示意图　　(b) 对照组土柱试验示意图

图 5.1　土柱试验示意图

5.1.2　试验步骤

土柱试验的具体实施步骤如下：

(1) 把准备好的试验土壤装入土柱仪中，每装入 5cm 就要进行一次夯实，直至土面的顶端位于土筒进水孔的下缘。土壤上方铺设 30mm 大小砾石混合层，起到防止冲刷表层土壤的作用。混合高性能吸水树脂的人工复合土壤采用均匀混合的方式进行铺设。

(2) 检查马氏瓶是否漏气。

(3) 将水灌入马氏瓶中，把马氏瓶的出水口和土筒的进水口用橡皮胶管连接好，橡皮胶管上可设置阀门开关，调节土筒和马氏瓶的相对高度，使马氏瓶的出水口刚好能够出水。

(4) 读取马氏瓶中水的高度。

(5) 试验开始，打开橡皮胶管上的阀门，同时按下秒表，量取土柱量筒中土壤稳定下渗时土柱的淹水深度，分别读取试验开始后第 1 秒、第 2 秒、第 3 秒、第 4 秒、第 5 秒、第 7 秒、第 9 秒、第 11 秒、第 13 秒、第 15 秒、第 17 秒、第 20 秒、第 25 秒、第 30 秒、第 35 秒、第 40 秒、第 45 秒、第 50 秒、第 60 秒时马氏瓶中水的高度，同时用肉眼观察湿润锋垂直入渗距离随着时间的变化并记录。

(6) 根据马氏瓶的底面面积和土筒的底面面积进行换算，求出土筒中从开始到上述各个时刻的累积入渗量 I，画出累积入渗量 I 与入渗时间 t 的关系曲线，并利用该曲线求出入渗率 i 与入渗时间 t 的关系，画出两者关系的曲线图。根据观测到的湿润锋垂直入渗距离，画出土体湿润深度随入渗时间 t 的变化曲线。

对照组和试验组的土柱试验现场如图 5.2 所示。土柱试验测量的是地表积水状态时下渗的各种参数，试验记录了 1h 内不同设计人工复合土壤土柱的累积入渗量、入渗率及湿润深度。其中，对照试验 1h 内的累积入渗量为 51.5mm，60min 时的入渗速率约为 0.86mm/min，湿润深度为 210mm。

(a) 试验组土柱试验现场图

(b) 对照组土柱试验现场图

图 5.2　土柱试验现场图

5.2　高性能吸水树脂铺设厚度

5.2.1　累积入渗量

为探究适合的人工复合土壤铺设厚度，选取以下三组工况的试验：

(1) 铺设深度 H_2 为 20cm，铺设厚度分别为 5cm、8cm、10cm、12cm、17cm、20cm 的 6 组土柱试验。

(2) 铺设深度 H_2 为 25cm，铺设厚度分别为 10cm、12cm、15cm、17cm、20cm、23cm、25cm 的 7 组土柱试验。

(3) 铺设深度 H_2 为 30cm，铺设厚度分别为 10cm、15cm、20cm、25cm、30cm 的 5 组土柱试验。

60min 时人工复合土壤的累积入渗量列在表 5.2 中，3 组不同铺设厚度下的累积入渗量曲线如图 5.3 所示。基于试验结果可以发现，在马氏瓶供水的前 10min 内，累积入渗量迅速增加，这主要是由于供水前初始土壤含水量较低，且各处理组之间累积入渗量的差异并不明显。之后随着入渗过程的进行，累积入渗量呈稳定上升趋势，且各处理组之间累积入渗量的差异显著增大。

表 5.2 60min 时人工复合土壤的累积入渗量表

铺设位置 $(H_1 \sim H_2)$/cm	累积入渗量/mm	铺设位置 $(H_1 \sim H_2)$/cm	累积入渗量/mm	铺设位置 $(H_1 \sim H_2)$/cm	累积入渗量/mm
15~20	50.52	15~25	70.57	0~25	58.64
12~20	43.38	13~25	63.21	20~30	62.45
10~20	55.51	10~25	47.10	15~30	47.51
8~20	42.63	8~25	37.85	10~30	40.48
3~20	38.23	5~25	39.91	5~30	44.22
0~20	38.23	2~25	45.44	0~30	38.37

入渗终止时，铺设厚度为 10cm 的 3 组累积入渗量增加效果最为明显，分别比对照组增加了 7.79%(10~20cm)、37.03%(15~25cm)、21.26%(20~30cm)。整个入渗过程中，在铺设厚度小于 10cm 时，累积入渗量增加的程度与高性能吸水树脂的用量呈正比；在铺设厚度大于 10cm 时，累积入渗量增加的程度与高性能吸水树脂的用量呈反比。虽然各处理组之间累积入渗量的差异较小，但 15~25cm 组的累积入渗量明显高于其他组，于对照组而言，累积入渗量增加了 37.03%，是对照组累积入渗量的 1.37 倍。

在调整土壤厚度时，保证 H_2 不变，人工复合土壤厚度越大，H_1 越小。此时，人工复合土壤层距离土壤表层就越近，但当高性能吸水树脂在表层的时候会因为积水入渗时吸收量过大迅速膨胀，堵住上层土壤孔隙，对土壤水分形成阻滞作用。

从图 5.3 中还可以得出累积入渗量的变化规律。掺加高性能吸水树脂的人工复合土壤铺设位置 H_2 相同时，当铺设厚度小于 10cm 时，累积入渗量随铺设厚度的增加而增大；当铺设厚度大于 10cm 时，累积入渗量随铺设厚度的增大而减小。根据表 5.2 和图 5.3 显示，铺设厚度为 10cm 时，累积入渗量较大。

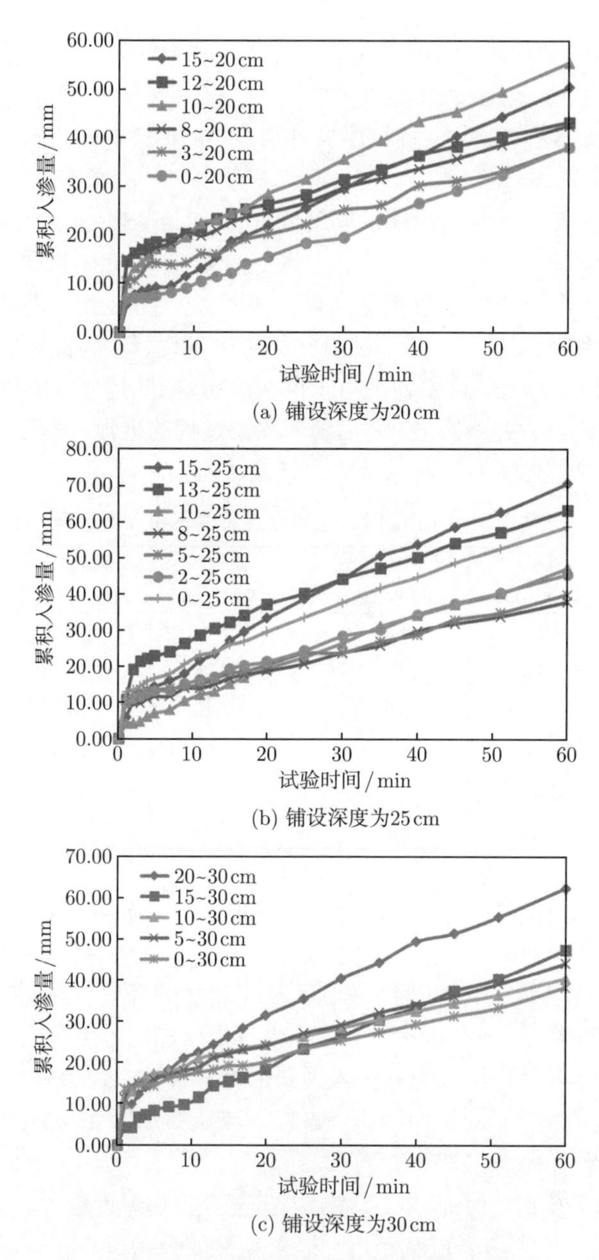

图 5.3　不同铺设厚度下的累积入渗量图

5.2.2　入渗率

入渗率是指在单位时间内通过单位面积地表下渗至土壤中的水量，该参数反映了土壤的入渗性能。本试验中，不同铺设厚度下人工复合土壤入渗率图如图 5.4

所示。从图 5.4 中可以看出，入渗率随入渗时间的变化趋势是相同的，在起始的 10min 内入渗率急剧减小，此后随着入渗时间的增加，入渗率平缓减小，并趋于稳

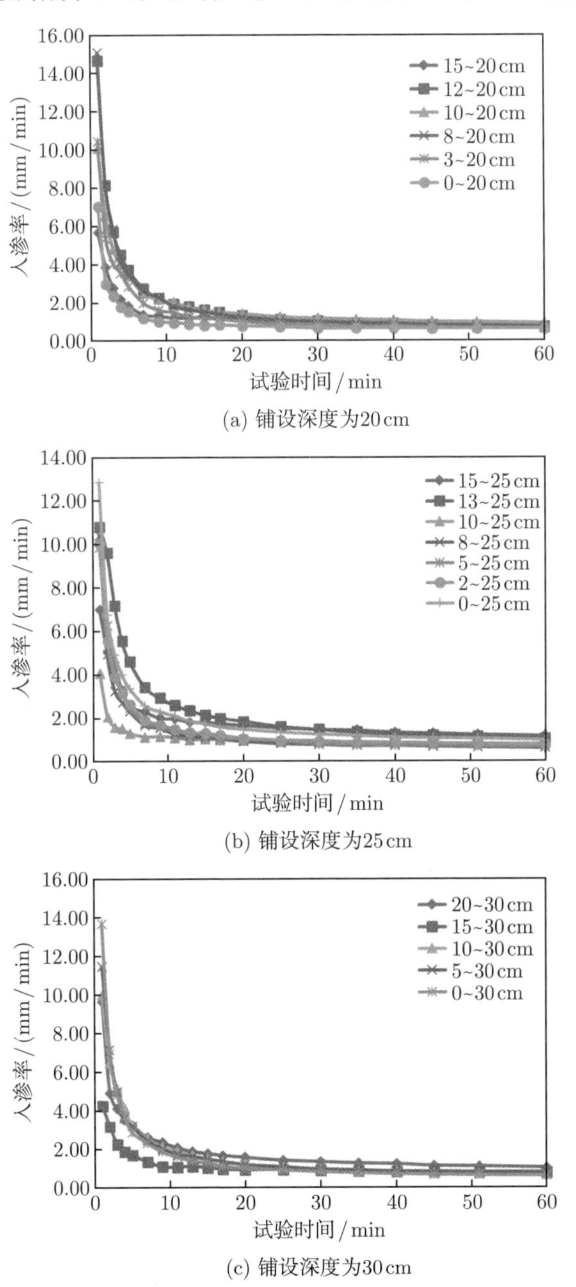

(a) 铺设深度为20cm

(b) 铺设深度为25cm

(c) 铺设深度为30cm

图 5.4 不同铺设厚度下人工复合土壤入渗率图

定。随着入渗过程的进行，各处理组对入渗率呈现出不同程度的促进或抑制作用。高性能吸水树脂在土壤中的铺设位置 H_2 相同时，当铺设厚度小于 10cm 时，稳定的入渗率随铺设厚度的增加而增大，当铺设厚度大于 10cm 时，稳定的入渗率随铺设厚度的增大而减小。在入渗开始后 60min 时，10~20cm、15~25cm、20~30cm 这 3 个处理组在这一时刻的入渗率稍大于其他处理组及对照组，60min 时的入渗率分别是 0.93mm/min、1.18mm/min、1.04mm/min(对照组 60min 时刻的入渗率为 0.86mm/min)。而无论铺设位置 H_2 为 20cm、25cm 还是 30cm 时，最终 60min 时刻的稳定入渗率都是人工复合土壤铺设厚度为 10cm 时效果较好，对水分的下渗可起到较好的促进作用。

总体而言，当稳定入渗时，在铺设厚度小于 10cm 时，入渗率与高性能吸水树脂在垂向上的用量呈正比；在铺设厚度大于 10cm 时，入渗率与高性能吸水树脂在垂向上的用量呈反比。虽然各处理组之间入渗率的差异较小，但 15~25cm 组在 60min 时刻的入渗率明显高于其他组，是对水分的下渗起到促进作用较好的处理组。

5.3 高性能吸水树脂铺设位置

5.3.1 累积入渗量

为了探究不同人工复合土壤铺设位置时累积入渗量的变化，试验选取了铺设厚度同为 10cm，铺设位置分别在 0~10cm、5~15cm、10~20cm、15~25cm、20~30cm 处的 5 组土柱试验进行对比分析。不同铺设位置下累积入渗量的时间曲线如图 5.5 所示。

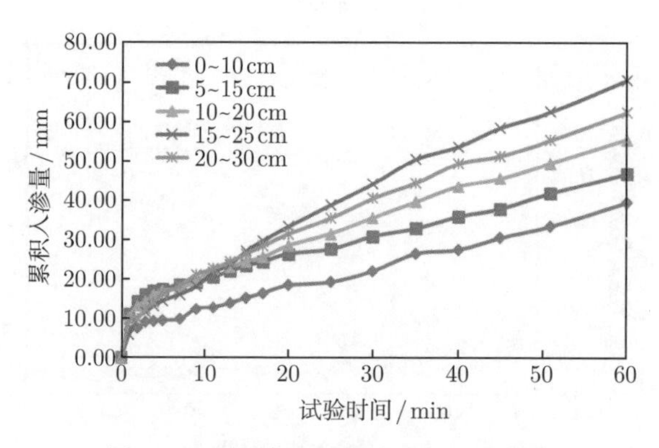

图 5.5 不同铺设位置的累积入渗量图

从图 5.5 中可以看出，同等铺设厚度条件下，铺设位置越深的 SAP 混合土壤的累积入渗量越大，对土壤入渗的促进效果越好。入渗终止时，各处理组 (0~10cm、

5~15cm、10~20cm、15~25cm、20~30cm) 的累积入渗量分别为 39.56mm、46.88mm、55.51mm、70.57mm、62.45mm。与对照组相比，各处理组的累积入渗量分别是对照组的 0.77 倍、0.91 倍、1.08 倍、1.37 倍、1.21 倍 (0~10cm、5~15cm、10~20cm、15~25cm、20~30cm)。这可能是因为 SAP 混合土壤铺设在表层时，吸收水量大，迅速膨胀，堵住了部分土壤孔隙，对水分的入渗形成了阻滞作用，阻碍了土壤水分向下运移。而铺设位置较深的 SAP 混合土壤，当上层下渗的水分到达 SAP 混合层的位置时，SAP 迅速将水分吸收，并会吸收上层附近土壤孔隙中的水，促进土壤水分的入渗。

由于本次试验时间只有 1h，水分还未完全通过铺设在 20~30cm 的 SAP 混合土壤，所以其累积入渗量要比 15~25cm 的 SAP 人工复合土壤的累积入渗量小一些。总体而言，铺设位置相对较深的高性能吸水树脂对土壤入渗的促进效果较好。所以，同时从阻碍土壤水分向下运移和抑制水分蒸发两个角度上讲，高性能吸水树脂应该避免铺设在地表，而应该铺设在地表以下 15cm 左右。在地表以下 15cm 左右处，积水入渗到混合有高性能吸水树脂的土壤层时，不仅该层土壤含水率会大大增加，同时由于土壤水分的再分布，人工复合土壤的下层土壤在上层的储水作用下，含水率也会普遍提高。

因此，在作物根系混施高性能吸水树脂，不仅可以增加该土层的土壤含水量，抑制下层土壤水分的蒸发，还可以起到蓄水保墒的作用。综合考虑，在济南等北方半干旱区施用此高性能吸水树脂时，将土壤与高性能吸水树脂充分混合施用，铺设在地表以下 15~25cm 左右的效果较好。

5.3.2 入渗率

从图 5.6 中可以看出，同等铺设厚度条件下，随着入渗过程的进行，铺设位置越深的 SAP 混合土壤稳定时的入渗率越大，对土壤入渗的促进效果越好。在

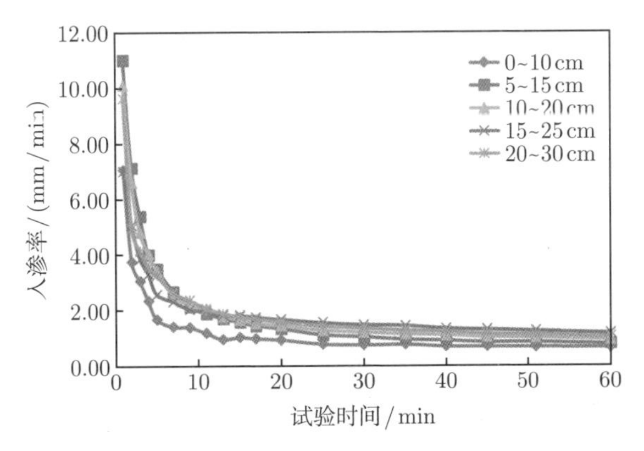

图 5.6 SAP 铺设厚度为 10cm 时不同铺设位置的入渗率图

60min 时刻各处理组的入渗率分别是 0.66mm/min、0.78mm/min、0.93mm/min、1.18mm/min、1.04mm/min(0~10cm、5~15cm、10~20cm、15~25cm、20~30cm)，与对照组在 60min 时刻的入渗率 0.86mm/min 相比可以明显看出，铺设位置在 10cm 以下的处理组入渗速率要更快，对水分入渗的促进作用更显著。

对于铺设位置在土壤表层 15cm 以上的处理组而言，当高性能吸水树脂铺设在表层，吸收水量大，所以刚开始的 10min 内，入渗率值很大。当 SAP 吸水后膨胀，堵住了部分土壤孔隙，形成了相对的“隔水层”，对水分的入渗形成了阻滞作用，减缓了土壤水分向下运移的速度。而铺设位置较深的 SAP 混合土壤，当上层下渗的水分到达 SAP 混合层的位置时，SAP 迅速将水分吸收，并会吸收上层附近土壤孔隙中的水，促进上层土壤水分的入渗，从而对水分入渗起到一定程度的促进作用。

5.3.3 湿润深度

铺设深度为 15cm 时，不同铺设厚度下的湿润深度变化如图 5.7 所示。由图 5.7 中可以看出，铺设了高性能吸水树脂的人工复合土壤都对湿润锋有抑制作用，湿润深度与高性能吸水树脂的用量呈负相关。在开始入渗的 3min 内，湿润深度迅速增加，且各处理组之间的差异并不明显，这主要是由于入渗前初始土壤含水量较低，土壤对水分吸收迅速。在 10min 以后，各处理组之间的差异便越加明显。

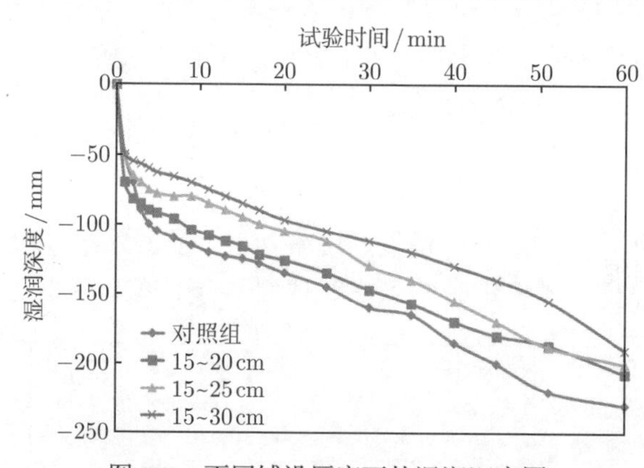

图 5.7　不同铺设厚度下的湿润深度图

经分析可以得出，铺设高性能吸水树脂的人工复合土壤对湿润锋的抑制可能是因为高性能吸水树脂把入渗的部分水分吸收了。因此，虽然入渗量增加了，湿润锋的下移却减缓了。同时可以看出，铺设人工复合土壤的厚度越大，对湿润锋的抑制作用越明显。由于施工原因，土柱可能夯实不均匀，土柱直径较大，因此，湿润锋用肉眼观察可能存在误差。

5.4 高性能吸水树脂混合比

5.4.1 累积入渗量

为探究不同高性能吸水树脂与褐土混合比和累积入渗量的关系，试验选取铺设厚度同为 10cm、铺设位置在 15~25cm 处条件下，混合比为 0.05%、0.075%、0.1%、0.15%、0.2%、0.25%、0.3%、0.4%、0.5%以及两种变混合比：上层 5cm 0.1%、下层 5cm 0.2%和上层 5cm 0.2%、下层 5cm 0.1%的 11 组土柱试验进行对比分析。

从表 5.3 中可以看出，高性能吸水树脂与土壤的混合比在 0.075%、0.1%、0.15%时的累积入渗量分别为 67.16mm、70.57mm 和 70.61mm，与对照组累积入渗量 51.50mm 相比，分别是对照组的 1.30 倍、1.37 倍和 1.37 倍。高性能吸水树脂与土壤的混合比在 0.1%左右时，累积入渗量较大，对人工复合土壤的入渗起到了很好的促进作用。

表 5.3　不同混合比条件下 60min 时刻的累积入渗量表

混合比/%	累积入渗量/mm	混合比/%	累积入渗量/mm
0.05	51.00	0.30	41.21
0.075	67.16	0.40	52.37
0.10	70.57	0.50	36.94
0.15	70.61	上 0.1, 下 0.2	50.41
0.20	62.47	上 0.2, 下 0.1	48.92
0.25	69.35	对照组	51.50

当高性能吸水树脂与土壤的混合比小于 0.1%时，累积入渗量的增加与 SAP-土壤混合比呈正比；当高性能吸水树脂与土壤的混合比大于 0.1%时，累积入渗量的增加与 SAP-土壤混合比大致呈反比。即当 SAP-土壤混合比越来越大时，入渗的水量有所减少，这可能是由于 SAP-土壤混合比例过大，吸水膨胀后堵住了部分土壤孔隙，该膨胀层在很大程度上对水分的入渗产生了阻滞作用，形成了“隔水层”，抑制了水分向下运移，所以高性能吸水树脂与土壤的混合比不宜过大。

5.4.2 入渗率

不同混合比条件下 60min 时的入渗率如表 5.4 所示。从表 5.4 中可以看出，随着入渗过程的进行，高性能吸水树脂与土壤的混合比为 0.075%、0.1%、0.15%时的入渗率分别是 1.12mm/min、1.18mm/min 和 1.18mm/min，与对照组在 60min 时的入渗率 0.86mm/min 相比都有较大程度的增加。由此可以得出，60min 时的入渗率在混合比为 0.1%左右时较大，对土壤入渗的促进效果较好。当混合比越大时，入渗过程中的入渗速率反而越小。

表 5.4 不同混合比条件下 60min 时的入渗率

混合比/%	入渗率/(mm/min)	混合比/%	入渗率/(mm/min)
0.05	0.83	0.30	0.69
0.075	1.12	0.40	0.87
0.10	1.18	0.50	0.62
0.15	1.18	上 0.1, 下 0.2	0.84
0.20	1.04	上 0.2, 下 0.1	0.82
0.25	1.16	对照组	0.86

分析数据可以得出规律，当高性能吸水树脂与土壤的混合比小于 0.1%时，入渗率与高性能吸水树脂 SAP 与土壤的混合比呈正比；当高性能吸水树脂与土壤的混合比大于 0.1%时，入渗率与 SAP 与土壤的混合比大致呈反比。即当高性能吸水树脂与土壤的混合比越来越大时，入渗率有所减小，这可能是由于 SAP 与土壤的混合比过大，吸水膨胀后堵住了部分土壤孔隙，该膨胀层在很大程度上对水分的入渗产生了阻滞作用，形成了 “隔水层”，抑制水分向下运移，所以 SAP 与土壤的混合比不宜过大。

5.4.3 湿润深度

图 5.8 为不同高性能吸水树脂与褐土混合比条件下湿润深度对比图。从图 5.8 中可以看出，无论高性能吸水树脂与褐土的混合比为多少，人工复合土壤都对湿润锋有抑制作用。在开始入渗的 3min 内，湿润深度迅速增加，且各处理组之间的差异并不明显，这主要是由于入渗前初始土壤含水量较低，土壤对水分吸收迅速。在 10min 以后，各处理组之间的差异便越加明显。

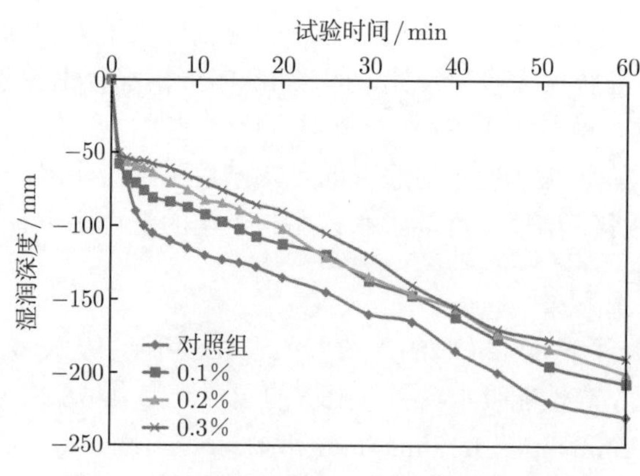

图 5.8 不同混合比条件下的湿润深度对比图

经分析，铺设了高性能吸水树脂的人工复合土壤对湿润锋的抑制是因为高性能吸水树脂把入渗的部分水分吸收了，所以虽然入渗量增加了，湿润锋下移却减缓了。同时可以看出，高性能吸水树脂与土壤的混合比越大，高性能吸水树脂吸水膨胀对土壤孔隙的堵塞也越明显，对水分入渗的抑制作用也更显著，对湿润锋的抑制作用也就越明显。由于施工原因，土柱可能夯实不均匀，土柱直径较大，湿润锋用肉眼观察可能存在误差。

5.5 本章小结

本章主要对有地表积水下渗条件下，掺加高性能吸水树脂的人工复合土壤在不同铺设深度、位置及混合比条件下的土壤水分入渗的累积入渗量、入渗率及湿润深度进行了对比分析。

随着铺设深度的增加，同等铺设厚度 (10cm) 条件下，铺设位置越深的人工复合土壤的累积入渗量越大，对土壤入渗的促进效果越好，入渗率也越大。人工复合土壤铺设位置相同时，当铺设厚度小于 10cm 时，累积入渗量及入渗率随铺设厚度的增加而增大；当铺设厚度大于 10cm 时，累积入渗量随铺设厚度的增大而减小。铺设厚度为 10cm、位置在 15~25cm 时，累积入渗量及入渗率相较其他条件而言都比较大。当然，由于试验本身存在误差，个别组可能与规律不符。

人工复合土壤的混合比在 0.1%左右时，累积入渗量及入渗率都较大，对人工复合土壤的入渗起到了很好的促进作用。当混合比越来越大时，入渗的水量有所减少，这可能是由于高性能吸水树脂比例过大，吸水膨胀后堵住了部分土壤孔隙，抑制了水分的向下运移。

从湿润锋深度的变化中可以看出人工复合土壤对湿润锋有抑制作用。这可能是因为高性能吸水树脂把入渗的部分水分吸收了，所以虽然入渗量增加了，湿润锋的下移却减缓了。同时可以看出，高性能吸水树脂铺设厚度越大，对湿润锋的抑制作用就越明显；人工复合土壤中高性能吸水树脂与褐土的混合比越大，对湿润锋的抑制作用也越明显。

第 6 章　下沉式绿地结构产流临界雨强分析

基于第 5 章得到的人工复合土壤最佳配置，本章主要探究不同雨强对该种工艺技术铺设的下沉式绿地的地表积水、产流过程及土壤含水量变化的影响，揭示下沉式绿地产流的临界雨强。

6.1　土 槽 试 验

6.1.1　下沉式绿地结构

本章选用分层复合下沉式绿地结构，人工复合土壤铺设厚度为 10cm，铺设位置为 15~25cm，高性能吸水树脂与土壤混合比为 0.1%。下沉式绿地结构共分为 6 层，其纵切面结构示意图如图 6.1 所示。

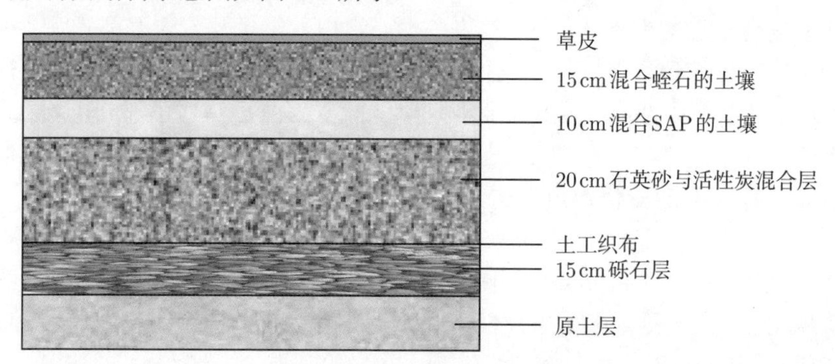

图 6.1　分层复合下沉式绿地的纵切面结构示意图

(1) 分层复合下沉式绿地结构最上层为马尼拉草皮。马尼拉草根系发达，生长势与扩展性强，草层茂密，分叶力强，覆盖度大，具有极强的耐旱性和耐踏性，广泛应用于园林绿化及道路绿化，对坡地、河堤具有良好的水土保持功能。

(2) 第二层为种植土层，为 15cm 厚的褐土中添加 0.5%的蛭石，如图 6.2 所示。加入蛭石主要为了改善土壤性质。农业方面，蛭石可用作土壤改良剂，由于其具有良好的阳离子交换性和吸附性，可改善土壤的结构，储水保墒，提高土壤的透气性和含水性，使酸性土壤变为中性土壤。蛭石还可起到缓冲作用，阻碍 pH 的迅速变化，使肥料在作物生长介质中缓慢释放。蛭石还可向作物提供自身含有的 K、Mg、Ca、Fe 以及微量的 Mn、Cu、Zn 等元素。蛭石的吸水性、阳离子交换性及化学成分特性，使其起着保肥、保水、储水、透气和矿物肥料等多重作用。

(3) 第三层为 10cm 厚的褐土中加入 0.1%的 SAP，如图 6.3 所示。试验中采用的吸水树脂为农林抗旱性保水剂，反复吸收纯水能力可达自身质量的数百倍乃至上千倍，吸收灌溉水的能力也在 100~200 倍。高性能吸水树脂吸水前和吸水后的照片如图 6.4 所示。高性能吸水树脂颗粒越细，吸水能力越强，速度越快。保水剂能快速吸收雨水、灌溉水并保存起来，当植物需要时，又缓慢释放，这样既能保证植物正常生长所需的水分，又能减少因蒸发、渗漏、流失导致水分和养分的损失，保证植物可利用更多的雨水和灌溉水，因此能大幅度提高旱区作物的成活率和产量 [102]。

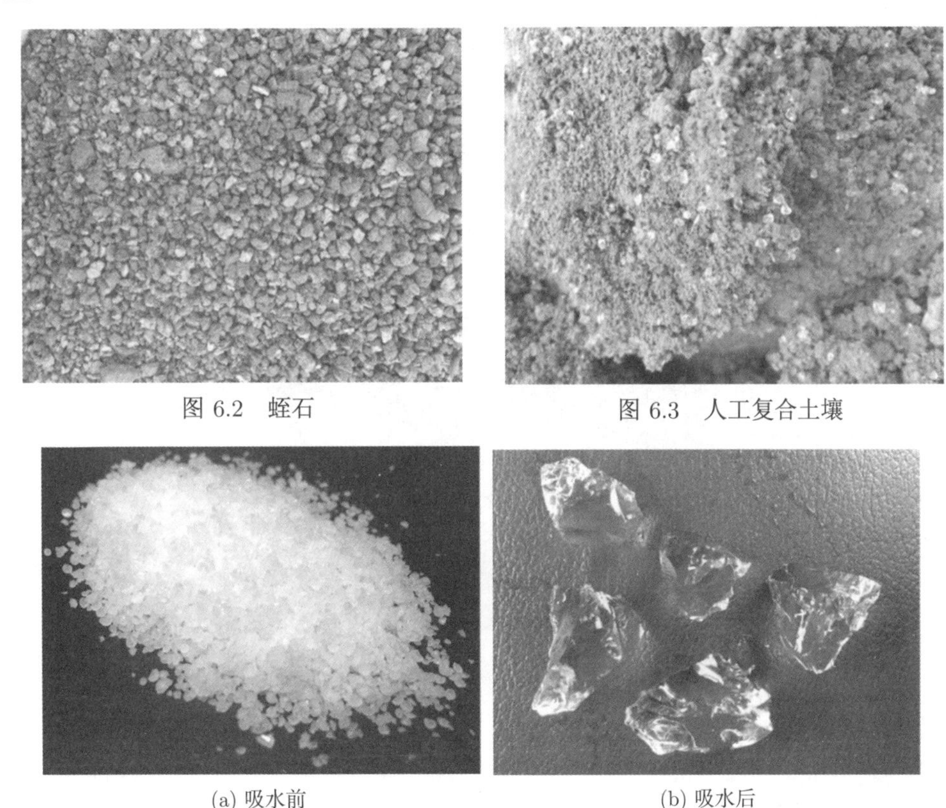

图 6.2 蛭石

图 6.3 人工复合土壤

(a) 吸水前

(b) 吸水后

图 6.4 高性能吸水树脂

(4) 第四层为 20cm 厚的活性炭与石英砂按 1:5 比例进行均匀混合的过滤层。石英砂主要成分为 SiO_2，多棱角，密度大，为无色透明晶体。试验所用石英砂如图 6.5 所示。石英砂过滤作用好，截污能力强，化学性能稳定，易冲洗，使用周期长，砂粒大小适中，透水性非常好，是目前水处理行业中使用最广泛、用量最大的净水材料 [97]。

图 6.5 试验所用石英砂

活性炭外观为黑色，具有机械强度高、形状规整、粒度均匀、比表面积大的特点，且大孔、中孔、微孔数量适当，吸附速度快、床层阻力小，并易于再生。按原料煤性质、炭化与活化工艺等方面的差异，制成的柱状活性炭具有各种特殊性能，广泛应用于工业气体净化、污水处理及环保设备中。本试验所用活性炭如图 6.6 所示。

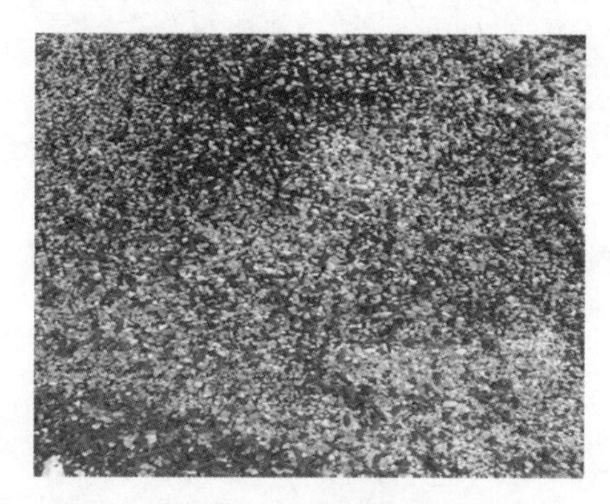

图 6.6 试验所用活性炭

(5) 第五层为 15cm 厚的砾石混合层，主要作为排水层。本试验中砾石粒径大小有 16~32mm 和 8~16mm 两种规格，如图 6.7 所示。砾石是一种天然的净水滤料，其特点为：孔隙大，可增加地下蓄水容量，增大下渗，有利于地下水的补充，同时价格低廉、产量高，易于推广。

(6) 分层复合人工土壤的每层之间铺设土工织布，该土工织布具有良好的透气性和透水性，可防止泥土流失以及上下层砂石、土体之间的混杂，当水由过滤层流入砾石层时，可使水流通过，从而有效地截流土颗粒、滤料等，以保持水土工程的稳定。此外，其具有良好的导水性能，可以在土体之间形成排水通道，将土体结构之间多余液体和气体外排。

(a) 粒径为16~32mm (b) 粒径为8~16mm

图 6.7 试验所用砾石

土槽试验用于模拟不同雨强下下沉式绿地结构的蓄渗效应。本试验中选用的对照组和试验组的示意图如图 6.8 所示。下沉式绿地结构的下凹深度为 6cm，对照组为 75cm 厚的天然褐土层。

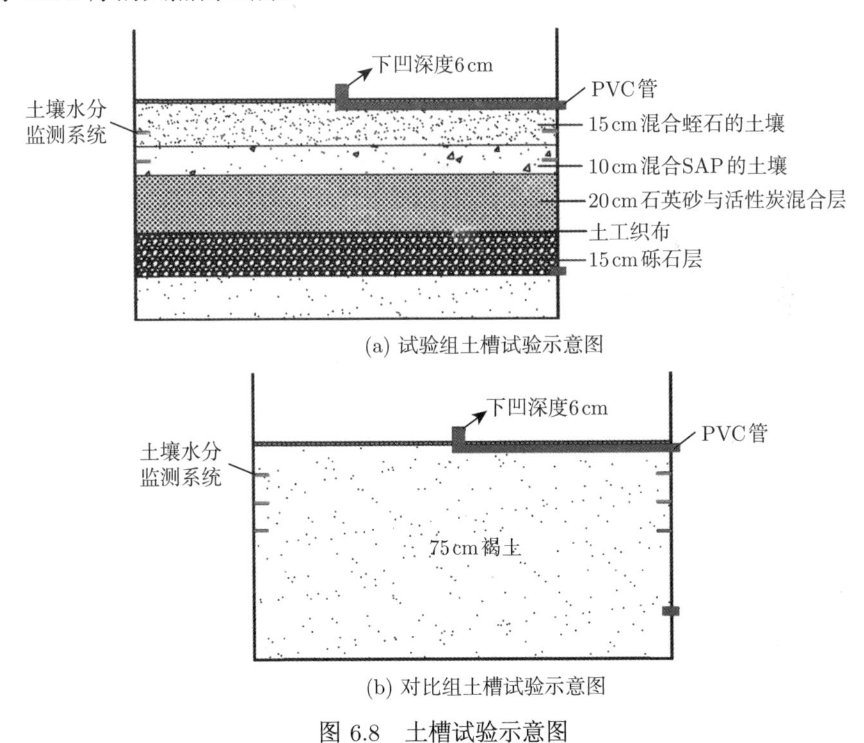

(a) 试验组土槽试验示意图

(b) 对比组土槽试验示意图

图 6.8 土槽试验示意图

6.1.2　降雨条件选择

本试验中济南市暴雨采用的公式如式 (3.7)。

该暴雨公式为济南市市政工程设计研究院采用济南市 1960~1990 年共 31 年的降雨资料利用解析法编制，并在 2004 年 2 月新补充而成。根据该公式，可计算出降雨时间为 60min 时在不同重现期下的雨强，如表 6.1 所列。

表 6.1　不同重现期下的雨强

重现期	雨强/(mm/min)	重现期	雨强/(mm/min)
3 年一遇	0.89	10 年一遇	1.16
5 年一遇	1.01	13 年一遇	1.21
8 年一遇	1.11	15 年一遇	1.25

在本章的土槽试验中，绿地/汇水面积的比例选用 1:3。试验选用 5 种不同的重现期，均匀降雨 1h。根据公式计算，采用的设计雨强和水泵的设计流量如表 6.2 所示。

表 6.2　试验设计雨强及水泵设计流量表

编号	重现期	试验雨强/(mm/h)	水泵设计流量/(m^3/h)	绿地/汇水面积
1	3 年一遇	53.86	0.242	1:3
2	5 年一遇	60.54	0.272	1:3
3	8 年一遇	66.67	0.300	1:3
4	10 年一遇	69.56	0.313	1:3
5	13 年一遇	72.99	0.328	1:3

6.1.3　试验步骤

土槽试验的具体实施步骤如下。

(1) 在土槽内垫上防渗复合土工膜，防止土槽漏水。

(2) 下垫面的铺设：将 3 个土槽的下垫面按照如图 6.8 所示的方式进行铺设，排水层与过滤层之间铺设透水性土工织物以防止材料渗漏。1 个土槽全部铺设相同高度的普通褐土作为对照试验。

(3) 安装径流仪：如图 6.8 所示，测地表径流的流量计通过绿地上的 PVC 管连通至仪器口，其中绿地下凹深度设置为 6cm；测壤中流的流量计通过绿地以下 60cm 的出流口用 PVC 管连接至仪器口。

(4) 安装土壤水分监测系统：如图 6.8 所示，将土壤水分监测仪的 2 个探头分别埋设在绿地以下 10cm 和 20cm 处。对照组土槽内的土壤水分监测仪的 3 个探头分别埋设在绿地以下 10cm、20cm、30cm 处。每个土槽内埋设两组探头，同一深度的土壤水分值取 2 个探头所测的平均值作为最后读数。

(5) 组装自制道路积水模拟汇流装置：由水泵提供土槽的汇水量，调整水泵的出流量，使每分钟的流量等于汇水面积单位时间内的总水量。

(6) 降雨前，先用便携式土壤水分速测仪测量每个土槽的初始土壤含水量，每个土槽测量 4 个点，取平均值作为该土槽的初始土壤含水量，确保每个土槽的初始土壤含水量基本保持一致。

(7) 将雨量计放入降雨区域内，并使其保持水平。

(8) 将流量计、雨量计、土壤水分监测系统连接至电脑软件并点击 "开始"，试验前准备工作就绪。

(9) 按照设计雨强降雨，记录开始降雨的时间。

(10) 打开水泵开关，并调整水管的阀门开关，使水管的出流量为设计流量。

(11) 观测地表积水情况，记录地表积水开始产生的时间，之后每隔 3min 测量并记录一次地表积水深度。

(12) 1h 后结束降雨，每隔 3min 测量并记录一次地表积水深度。

(13) 1d 后读取流量计、雨量计及土壤水分监测系统数据。

(14) 试验数据整理和分析。

土槽试验人工降雨前后现场如图 6.9 所示。

(a) 降雨前　　(b) 降雨后

图 6.9　土槽试验现场图

6.2　地表积水变化过程

为测定基于高性能吸水树脂的分层复合下沉式绿地的产流临界雨强，土槽试验中选取的试验降雨条件为 1h 均匀降雨。试验雨强分别为济南市 3 年一遇、5 年一遇、8 年一遇、10 年一遇和 13 年一遇的降雨，其中 10 年一遇降雨对比了没有应用分层复合的下沉式绿地 (对照组)。

不同雨强对应的地表积水过程线图如图 6.10 所示。由图 6.10 可知，地表积水的产生大概为降雨开始 10min 前后。开始积水初期，积水速度有一个轻微的上升趋势，可能是随着降雨的发生，地表超渗的水量逐渐增多，所以积水速度上升。达到稳定速度的积水在高度大于下凹深度时开始产生地表径流，在产流初期，可能由于积水速度大于排水速度，导致积水高度略大于下凹深度。当积水到达一定高度时，则排水速度等于积水速度，积水速度则不再上升，并维持稳定。

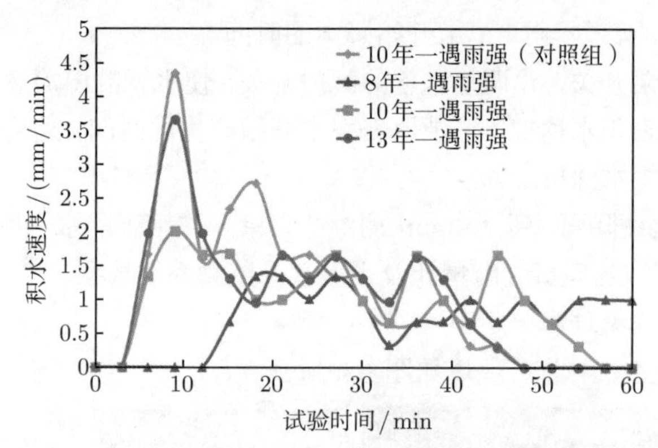

图 6.10 不同雨强对应的地表积水过程线图

除此以外，还可以发现人工复合土壤配置的分层复合下沉式绿地在遇到济南市 8 年一遇的降雨时，10min 以后才在绿地上产生积水，且绿地积水上升高度没有达到下凹深度，所以并未产生路面上的地表积水，也没有产生地表径流，在 60min 时，积水仍以较小的速度上涨。10 年一遇和 13 年一遇的雨强均在 6min 左右开始产生绿地积水，并且绿地积水高度逐渐到达下凹深度，产生地表积水。同时从图 6.10 中可以看出，13 年一遇降雨所产生的地表积水速度明显大于 10 年一遇，两者在地表产流后，积水速度均有所减小。

对照组以 10 年一遇雨强进行降雨，在降雨 6min 左右开始积水，并且积水达到下凹深度的时间早于人工复合土壤配置的分层复合下沉式绿地，这是由于对照组的下垫面为纯土壤，孔隙比分层复合下沉式绿地要小，所以降雨入渗慢于分层复合下沉式绿地，地表积水的积水速度自然就大于分层复合下沉式绿地的积水速度。

6.3 径流量变化过程

6.3.1 地表径流变化过程

表 6.3 展示了不同降雨强度的人工复合土壤试验结果。降雨强度为 3 年一遇、5

年一遇时，分层复合下沉式绿地均未产生绿地积水；降雨强度为 8 年一遇时，虽产生绿地上的积水，但因绿地积水高度未到达绿地的下凹深度，所以并未产生路面上的地表积水，也就未能在路面上产生地表径流；降雨强度为 10 年一遇和 13 年一遇时，分层复合下沉式绿地在降雨过程中产生了地表积水并且产生地表径流。

表 6.3　不同降雨强度的人工复合土壤试验结果

降雨强度	地表积水开始时间/min	地表径流开始时间/min	峰现时间/min	径流系数	壤中流开始时间/min
3 年一遇	—	—	—	—	25
5 年一遇	—	—	—	—	22
8 年一遇	15	—	—	—	18
10 年一遇	6	51	57	0.25	12
13 年一遇	6	39	49	0.49	8
对照组 (10 年一遇)	6	36	45	0.76	21

图 6.11 为不同降雨强度对应的地表径流过程图。从图 6.11 中可以看出，不同降雨强度的绿地地表积水产生速度的变化趋势基本一致，其平均产流速度分别为 0.845mm/min(10 年一遇)、1.128mm/min(13 年一遇)、1.687mm/min(对照组)。从图 6.11 中可以看出，随着径流深的增加，产流速度逐渐减小，主要是由于径流深增加，水势增大，下渗率增大。随着降雨强度的增大，产流时间提前，地表径流总量增加，平均产流速度也增大。

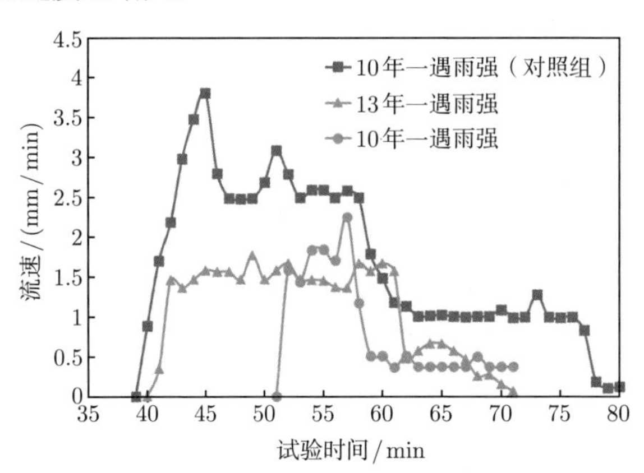

图 6.11　不同降雨强度对应的地表径流过程图

与对照试验相比，同为济南市 10 年一遇的降雨强度，分层复合下沉式绿地的产流时间比普通对照组推迟了 15min，峰现时间推迟了 12min，径流系数也有所减小。从这里可以看出，人工复合土壤配置的分层复合下沉式绿地可以有效地推迟产流时间及峰现时间，减小地表径流量及径流系数，高性能吸水树脂吸水效果显著，能使吸收的雨水转换成地下水，增加地下水量，补充地下水。

试验中测得 8 年一遇的降雨在绿地上有积水，但无路面的地表径流；10 年一遇和 13 年一遇的降雨分别在 51min 和 39min 产生地表径流。因此，可以初步得出结论：人工复合土壤配置的分层复合下沉式绿地的产流临界降雨强度在济南市 10 年一遇降雨强度 (1.159mm/min) 左右。

6.3.2 壤中流变化过程

图 6.12 为不同降雨强度下的壤中流随试验时间的变化图。从图 6.12 中可以看出，分层复合下沉式绿地与对照组产生壤中流流量的趋势基本一致。降雨开始一段时间后，产生壤中流。降雨结束后，壤中流的产流速度明显下降，这主要是由于降雨停止，外部供水来源中断，此时的产流主要来自地表积水，随着地表积水的消退，壤中流的产流速度也迅速下降。当地表积水基本消退完后，各槽壤中流主要来自槽中的存蓄水量。

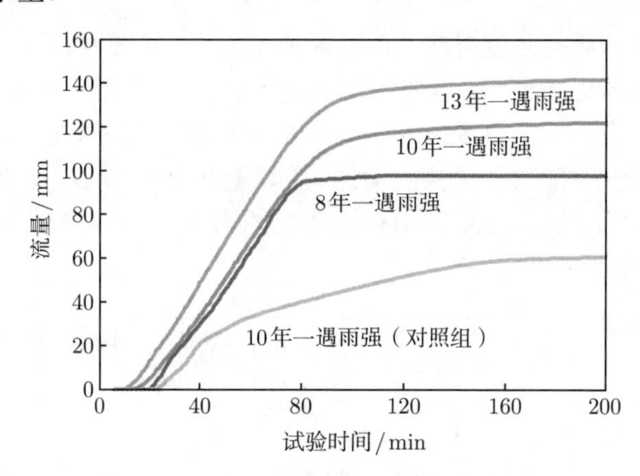

图 6.12 不同降雨强度下的壤中流变化图

与对照组相比，可以发现人工复合土壤配置的分层复合下沉式绿地的产流时间早于对照试验，这主要是由于分层复合下沉式绿地的下垫面孔隙大，雨水能够很快下渗到出水口并产流。降雨结束后，由于绿地下垫面中存在大孔隙，地下存蓄水空间大，存蓄水量多，所以人工复合土壤配置的分层复合下沉式绿地最终的壤中流产流量要大于普通对照组。

对比 3 个绿地，可以发现随着降雨强度的增大，产生壤中流的时间就越早，产流结束时的壤中流产流量越大。

6.4 土壤含水量变化特征

不同降雨强度条件下，不同深度的土壤含水量变化曲线如图 6.13 所示。各分层复合下沉式绿地的初始土壤含水量基本一致，随着不同降雨强度的降雨发生，各层的土壤水分变化趋势也基本一致。由于降雨前土壤含水量偏低，降雨发生后，土壤含水量迅速上升，约在 20min 土壤含水量上升至饱和状态。根据监测数据显示分析，降雨强度越大，土壤含水量上升至饱和状态的时间越早。其中人工复合土壤层的土壤含水量明显要高于蛭石混合层的土壤含水量，这可能是因为随着降雨入渗过程的进行，高性能吸水树脂开始迅速吸水膨胀，并把吸收的水分保留在人工复合土壤中，所以人工复合土壤层的土壤含水量明显高于蛭石层。

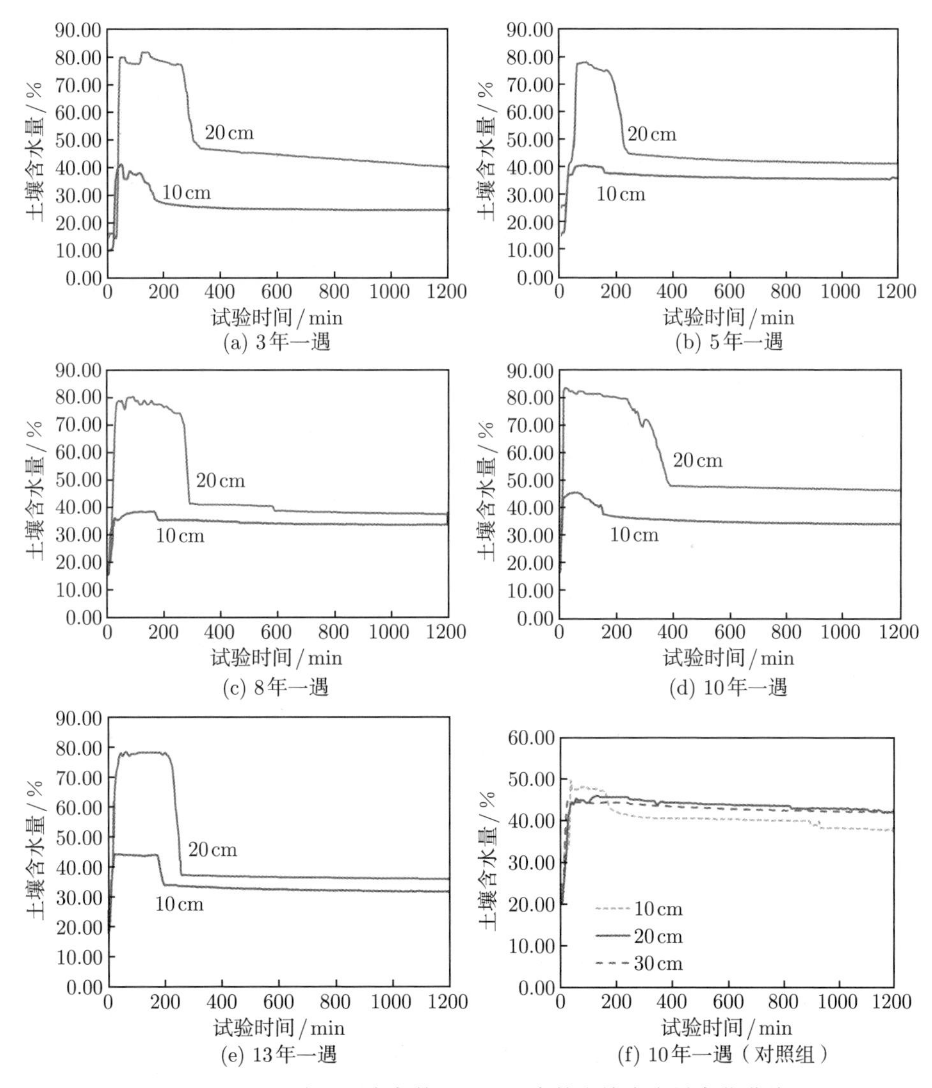

图 6.13 不同降雨强度条件下不同深度的土壤含水量变化曲线

降雨结束的一段时间内，各层土壤含水量仍保持在饱和状态。从图 6.13 中可以看出，在降雨结束后的 2h 内，蛭石层的土壤含水量仍处于饱和状态，而 SAP 混合层的土壤含水量的饱和状态更是持续 4~5h 之后才开始逐渐下降。这可能是因为 SAP 混合层将水分持续保留在高性能吸水树脂内，高保水性使得水分不易流失，所以 SAP 混合层的土壤含水量饱和状态才会维持得更久。

6.5　人工复合土壤成本

虽然国内外众多的学者和机构对高性能吸水树脂进行了多方面的研究和探讨，而且在我国甘肃、陕西、山西、河北、北京、天津等地都有农民在抗旱和造林中使用吸水树脂。但从全国来看，其推广速度缓慢，还有很多人不了解高性能吸水树脂 [103]。这方面存在许多原因，一项新技术、新材料的适用性，不仅取决于其本身先进与否和效果大小，在很大程度上也取决于经济成本高低和经济效益大小，这两方面是相辅相成的 [104,105]。

高性能吸水树脂不是造水剂，必须具备一定水分条件才能充分发挥其保水作用，达到节水增产效果。另外，高性能吸水树脂的保水效果还受吸水树脂的施用方式、土坡质地、水肥条件、气候、灌水模式等多种因素的制约。高性能吸水树脂是一种高科技产品，需要一定的经济投入。目前国内市场上保水剂价格为 15~18 元/kg，价格是相对较高的。从高性能吸水树脂的施用方法上看，拌种处理高性能吸水树脂用量较少，但对土壤水分贡献不大，而沟施处理可大幅度提高土壤含水量，但成本相对较高，还应视当地水价、种植结构进行经济比较分析。

试验中，SAP 人工复合土壤在土柱仪中的材料成本如表 6.4 所示。

表 6.4　基于 SAP 的分层人工复合土壤在土柱仪中施用成本情况表

参数	蛭石	SAP	石英砂	活性炭	砾石
施用厚度/cm	15	10	20		15
施用体积/cm^3	650.44	433.63	867.25		650.44
施用质量/kg	84.95×10^{-3}	12.32×10^{-3}	30	6	25
市场价格/(元/kg)	0.55	14.99	0.27	3.28	0.25
施用价格/元	46.72×10^{-3}	18.47×10^{-2}	8.10	19.68	6.25

SAP 人工复合土壤在土柱仪中总施用体积为 $433.63\times10^{-3}m^3$。从表 6.4 可知，施用的材料总金额为 34.41 元。由此计算，基于 SAP 的分层复合人工土壤应用在实际中单价约为 596.12 元/m^3。可见利用高性能吸水树脂的分层复合人工土壤成本较高，但这仅是试验中所花费的成本，实际将 SAP 人工土壤应用在下沉式绿地中时，施工面积较大，材料均为成吨购买，施工工艺也是采用机器化施工，材料成本将会大大降低。经过网上价格查询，实际应用中成本将会缩减为 96.58 元/m^3。

此外，应用 SAP 人工复合土壤可以提高土壤含水量，提高绿地植物成活率，减少补植工作量或重造次数，相应地降低绿地种植成本。因此，只要掌握高性能吸水树脂的使用方法及合理施用量，高性能吸水树脂绿地种植不仅效果好，而且经济上可行，这种效益在降雨条件差的地区更明显 [105,106]。

目前，国内外各厂家生产的高性能吸水树脂价格相差不小，但多数价格偏高。因此，降低高性能吸水树脂绿地种植成本的关键之一是有价格低廉、效果好的产品问世，同时需进一步研究使用方法和合适的用量。高性能吸水树脂绿地种植成本不算高，问题是怎样施用才能视为合理。高性能吸水树脂绿地种植的成功，还有利于争取退化的生态环境恢复的时间，有利于加快城市绿地建设步伐，提高保水保肥效果，使城市披上绿装，发挥良好的生态效益和经济效益 [106]。

6.6 本 章 小 结

本章主要介绍了在前期试验探索下，人工复合土壤水分入渗效果最佳的 SAP 铺设技术条件下，在不同降雨强度条件下的 SAP 人工复合土壤的分层复合下沉式绿地的地表积水变化情况、产流过程情况、土壤水分含量变化情况。

对于铺设人工复合土壤的分层复合下沉式绿地的产流临界降雨强度的分析，结果表明 3 年一遇、5 年一遇的降雨无绿地积水，不产流；8 年一遇的降雨有绿地积水，无地表积水，无地表产流；10 年一遇和 13 年一遇的降雨分别在 51min 和 39min 时产流。因此，可以初步得出结论，人工复合土壤配置的分层复合下沉式绿地的产流临界降雨强度在济南市 10 年一遇降雨强度 (1.159mm/min) 左右。

从土壤含水量变化上看，降雨强度越大，土壤含水量上升至饱和状态的时间越早。其中，人工复合土壤层的土壤含水量明显高于蛭石混合层的土壤含水量。并且在降雨结束后，由于人工复合土壤层将水分持续保留在高性能吸水树脂内，高保水性使得水分不易流失，所以人工复合土壤层的土壤含水量的饱和状态持续了 4~5h 之后才开始逐渐下降。

除此以外，本章计算了掺加高性能吸水树脂的人工复合土壤应用在试验中的单价约为 596.12 元/m^3，成本较高。但在实际工程应用中，由于材料和施工的批量化，成本将会缩减为 96.58 元/m^3。此方法可以提高土壤含水量，提高绿地植物的成活率，提高保水保肥效果。

第 7 章　下沉式绿地结构吸–脱水特性

高性能吸水树脂具有反复吸水能力，即吸水 — 释水 — 干燥 — 再吸水，其反复吸水性能是实际应用中的一个重要指标，已有前人做过相关研究，但其在土壤中的反复吸水性能尚未见报道。本章基于第 6 章提出的分层复合下沉式绿地结构，通过室外土柱试验模拟分层复合结构，开展下沉式绿地结构的反复吸–脱水试验，探究掺加高性能吸水树脂的人工复合土壤结构的反复吸水能力，评估其重复利用周期和循环使用效率，分析人工复合土壤在不同降雨强度下的平均脱水时间。

7.1　试验方案设计

7.1.1　循环使用效率试验

7.1.1.1　试验方案

由于高性能吸水树脂在土壤中的循环使用效率受降雨强度的影响较大，试验中将褐土与高性能吸水树脂按照 1:1000 的混合比混合均匀后装填进土柱仪中地表以下 15~25cm 进行试验，并以济南市 10 年一遇降雨强度 (1.16mm/min) 循环、济南市 5 年一遇降雨强度 (1.01mm/min) 循环、济南市 15 年一遇 (1.25mm/min) 与 5 年一遇降雨强度交替分组 (3 组) 进行降雨，降雨时间为 60min。试验方案设计如表 7.1 所示。

表 7.1　高性能吸水树脂循环使用效率试验设计表　(单位：mm/min)

降雨强度	1	2	3	4	5	6	7	8	9	10
5 年一遇	1.01	1.01	1.01	1.01	1.01	1.01	1.01	1.01	1.01	1.01
10 年一遇	1.16	1.16	1.16	1.16	1.16	1.16	1.16	1.16	1.16	1.16
15 年、5 年一遇循环交替	1.25	1.01	1.25	1.01	1.25	1.01	1.25	1.01	1.25	1.01

7.1.1.2　试验步骤

本章主要利用土柱仪进行试验。为了模拟真实下沉式绿地的结构，土柱仪中按照第 6 章中实际下沉式绿地分层复合结构进行铺设。土柱仪纵面结构示意图如图 7.1 所示。

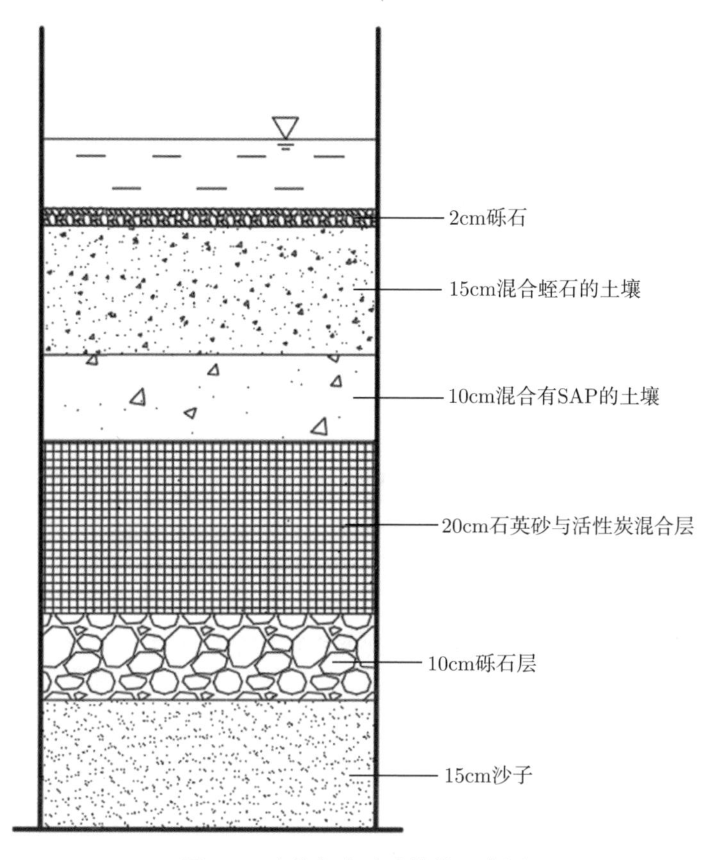

图 7.1 土柱仪中试验结构示意图

本章的土柱试验具体步骤如下。

(1) 准备三个土柱仪，将其按照分层复合人工土壤的结构装填，进行标号分组：A、B、C，装填时各层间要铺设透水土工布，防止各层间土壤混合。

(2) 用便携式土壤水分速测仪测量前期土壤湿度 (尽量靠近土柱仪中心位置进行测量)，进行记录，确保三个土柱仪的初始土壤含水量基本保持一致。

(3) 将土柱仪连同里面的土壤进行称重，记录试验前质量 m_{A1}、m_{B1}、m_{C1}。

(4) 将雨量计放入降雨区域内，保持水平，连接 HOBO 软件，启动记录。

(5) 将三组土柱仪分别按照设计降雨强度降雨，每次降雨开始要记录当前时间、天气状况，试验开始。

(6) 降雨时间为 60min。试验开始后，分别在试验开始的第 3、6、9、12、15、18、21、24、27、30、33、36、39、42、45、48、51、54、57、60min 记录土柱仪内积水深度、土柱仪底部出水量，降雨结束后继续记录第 63、66、70、75、80、85、90min 土柱仪内积水深度、土柱仪底部出水量 (一般到 90min 土柱仪底部出水量趋于稳定)。

(7) 试验结束，将土柱仪连同里面的土壤进行称重，记录试验后的质量 m_{A2}、m_{B2}、m_{C2}；将土柱仪内各层材料分层取出，分开放进烘箱中烘干，烘箱温度设置为 50℃，每隔 2h 查看各层土壤烘干情况，直到土壤含水量与初始土壤含水量相当。

(8) 将烘好的各层材料按之前的方式装填进土柱仪中，重复进行第二次试验，再进行烘干、再降雨、再烘干，直到第 10 次试验结束。

(9) 试验数据整理分析。

7.1.2　脱水试验

7.1.2.1　试验方案

为探究高性能吸水树脂的平均脱水时间，即高性能吸水树脂的吸水量随时间的变化规律，本试验中分别设置临界降雨强度循环试验及 1/2 倍临界降雨强度循环试验两组试验，试验在土柱仪中进行，需长期观测。临界降雨强度由第 6 章试验结果可得，即为济南市 10 年一遇降雨强度。脱水试验的试验方案如表 7.2 所示。

表 7.2　高性能吸水树脂脱水试验设计表

重现期	降雨强度 /(mm/min)	SAP 混合比/%	铺设位置 $(H_1 \sim H_2)$/cm
5 年一遇	1.01	0.1	15~25
10 年一遇	1.16		

图 7.2 为高性能吸水树脂脱水试验现场图，该项试验降雨结束后需要将土柱仪放在室外进行自然蒸发，以观测加入高性能吸水树脂的土壤在自然条件下的平均脱水时间，观测时间较长。该部分试验在 12 月份开展，此时济南市气温已非常低，基本都在 0℃以下，天气状况多降雪，故该部分试验已经无法在济南市开展。因此，脱水试验在南京河海大学水文水资源与水利工程科学国家重点实验室进行。

7.1.2.2　试验步骤

脱水试验的详细步骤如下。

(1) 准备两个土柱仪，将其按照分层复合人工土壤的结构装填，标号分组：D、E，装填时各层间要铺设透水土工布，防止各层间土壤混合。

(2) 装填土壤材料时还要安装 4 通道土壤水分传感器，4 个插片以 6cm 的间距分别在土柱仪内 37cm、43cm、49cm、55cm 四个位置进行铺设；铺设完成后，用便携式土壤水分速测仪测量前期土壤湿度 (尽量靠近土柱仪中心位置进行测量)，进行记录，确保两个土柱仪初始土壤含水量基本保持一致。

图 7.2 高性能吸水树脂的脱水试验现场图

(3) 将雨量计放入降雨区域内，保持水平，将雨量计、土壤水分传感器连接 HOBO 软件，启动记录。

(4) 将两组土柱仪分别按照设计降雨强度降雨，每次降雨开始时记录当前时间、天气状况，试验开始。

(5) 降雨时间为 60min。试验开始后，分别在试验开始的第 3、6、9、12、15、18、21、24、27、30、33、36、39、42、45、48、51、54、57、60min 记录土柱仪内积水深度、土柱仪底部出水量，降雨结束后继续记录第 63、66、70、75、80、85、90min 土柱仪内积水深度、土柱仪底部出水量 (一般到 90min 土柱仪底部出水量趋于稳定)。

(6) 将土柱仪放在室外进行自然蒸发，每隔 2d 对土壤湿度进行测量，当土壤湿度达到前期试验时的土壤湿度时，读取土壤水分传感器数据，进行第二次的降雨试验。

(7) 试验数据整理和分析。

7.2 循环吸水特性

7.2.1 土壤吸水量随时间的变化规律

高性能吸水树脂具有将吸入的水分保存住的能力，但会慢慢释放出来，这是它的保水性。吸水树脂混入土壤中后，对其在降雨时的吸水能力及降雨后的释水过程进行研究，有助于我们更好地利用吸水树脂，提高土壤含水量，发挥基于高性能吸水树脂的人工土壤在汛期的蓄渗能力。以下为第一次降雨后的土柱仪内土壤湿度变化曲线，降雨时间为 12 月 16 日，土柱仪 1 号的前期平均土湿为 16.35%，进行的是 10 年一遇的降雨强度降雨，降雨时间为 60min；土柱仪 2 号前期平均土湿为 16.67%，进行的是 5 年一遇的降雨强度降雨。降雨过后对各层土壤湿度连续观测 250h 以上，基于高性能吸水树脂的分层复合土壤的各层湿度情况如图 7.3 所示。

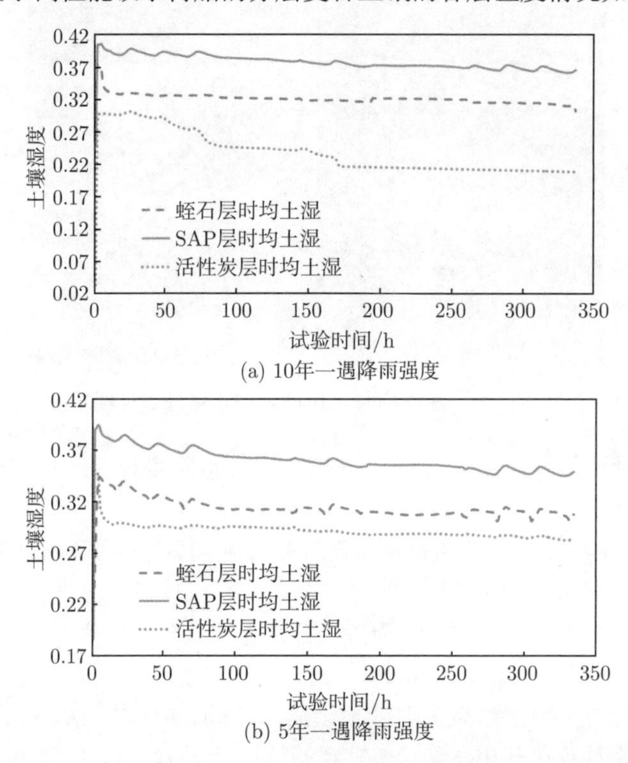

(a) 10年一遇降雨强度

(b) 5年一遇降雨强度

图 7.3　分层复合下沉式绿地结构各土壤层的湿度变化

从图 7.3 可以看出，SAP 层土壤在降雨时吸水能力非常强，能快速地吸收水分。比如在 10 年一遇的降雨条件下，SAP 层土壤含水量从 24.86%迅速增加到 40.25%，土壤含水量增加 15.39%；而在 5 年一遇的降雨条件下，SAP 层土壤含水量从 18.61%迅速增加到 38.94%，增量达到 20.33%；使土壤含水量接近饱和。但 SAP 层在降雨结束后退水较慢，即使降雨结束 250h 后仍然能使土壤中的水分含量较高。在 10 年一遇和 5 年一遇的降雨条件下，250h 后 SAP 层土壤含水量分别为 36.96%和 35.43%，均高于相应的蛭石层含水量，说明 SAP 保水作用显著，有利于绿地植物生长。

活性炭层吸水能力较弱，但退水能力强，水分能快速地下渗，减少地表积水，这是因为活性炭层孔隙大，不具备储水能力，水分迅速从孔隙中下渗，最后达到砾石层。从图 7.3 中可以看出，在 10 年一遇的降雨条件下，降雨结束后的 75h 内，活性炭层的土壤湿度一直在以较大的幅度下降，此后湿度下降的幅度非常小，几乎保持不变；到达 150h 后又开始以较大的幅度下降，此后土壤湿度几乎保持不变。而在 5 年一遇的降雨条件下，活性炭层在降雨期间含水量快速升高，降雨结束后，含水量迅速下降，在 30h 内降幅达到 5.34%，而后活性炭层含水量以非常小的降幅在减小，几乎保持不变。

蛭石层土壤是蛭石与褐土以 5:1000 的含量铺设的，虽然位于人工复合土壤的最上层，但蛭石由于没有保水性，降雨过后土壤中的水分变化主要靠褐土的自然退水和土壤的自然蒸发，褐土土壤孔隙较小，因此蛭石层的土壤湿度变化曲线都位于 SAP 层和活性炭层之间。在图 7.3 中还可以看到，蛭石层土壤湿度变化与 SAP 层湿度变化规律几乎一致，这是因为在土柱仪中 SAP 层铺设在蛭石层下方，土壤水分下渗一直在进行，当蛭石层的含水量上升 (可能是受外界天然降雨影响) 时，同步下渗到人工复合土壤层的水分也会增加，当蛭石层的含水量下降 (因为蒸发量大于下渗量) 时，同步下渗到人工复合土壤层的水分也会减少，造成两者水分变化出现一致规律。

7.2.2 土壤吸水量随吸水次数的变化规律

针对高性能吸水树脂的反复吸水性能研究进行三组试验。这三组试验均采用“吸水 — 脱水 — 再吸水 — 再脱水”的方法，利用烘箱进行反复多次试验，降雨时间为 60min。分别采用 5 年一遇的降雨强度、10 年一遇的降雨强度、15 年一遇与 5 年一遇的降雨强度交替进行降雨。从降雨开始，土壤累积吸水量快速增加；当降雨结束后，吸水量有所下降，但在降雨结束后的 30min 时土壤吸水量基本趋于稳定。因此，每组试验均采用 90min 时的累积吸水量作为评价人工复合土壤在三种不同降雨条件下的稳定吸水量。三组试验的前期土壤湿度如表 7.3 所示。

由表 7.3 可知，三组试验前期土湿相当，均在 12%~16%的范围内，保持了三组试验的外部条件统一性，便于对这三组试验进行分析比较。

本章对三组试验均进行 10 次降雨，以观察稳定吸水量、稳定吸水率与吸水次数的变化关系。本次试验中，土柱仪中大约有 $0.96\times10^{-2}\text{m}^3$ 的土样，其中加入 12.32g 高性能吸水树脂，经过 10 次的反复降雨 — 烘干试验。试验中每次降雨结束后，将土样放进 50℃的烘箱中进行烘干，大约 10h 以后能达到前期土壤湿度。

三组试验在不同的降雨条件下，经过反复多次循环降雨后 90min 的累积吸水量变化过程如图 7.4 所示。

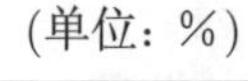

表 7.3　三组试验的前期土壤湿度情况　　(单位：%)

样品	10 年一遇 降雨强度	5 年一遇 降雨强度	15 年、5 年一遇 交替循环降雨强度
前期土湿 1	12.30	15.50	15.70
前期土湿 2	12.70	14.30	15.60
前期土湿 3	15.10	11.90	13.20
前期土湿 4	11.50	14.20	16.30
前期土湿 5	12.80	15.50	11.20
前期土湿 6	11.00	12.00	14.50
前期土湿 7	11.10	13.70	15.70
前期土湿 8	13.80	11.70	11.80
前期土湿 9	11.90	12.00	13.00
前期土湿 10	13.90	11.70	11.00
平均土湿	12.61	13.25	13.80

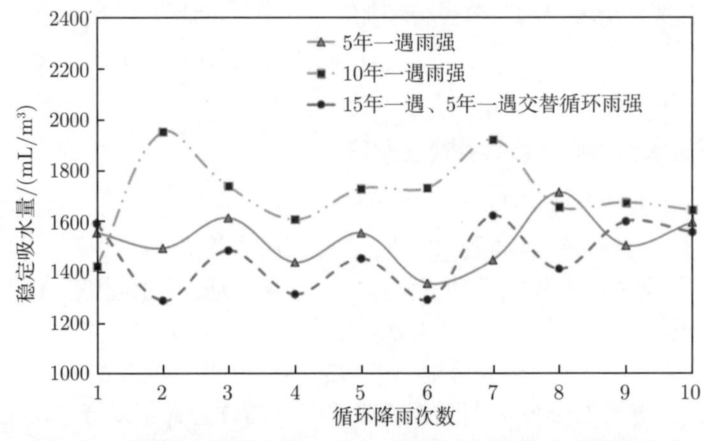

图 7.4　不同降雨强度条件下的分层复合土壤的稳定吸水量变化

从图 7.4 中可以看出，在试验过程中，三组试验中高性能吸水树脂的稳定吸水量不是一直下降的，而是有时会出现高于上次稳定吸水量的现象，说明高性能吸水树脂的反复利用性较好。但经过多次吸水 — 脱水处理后，高性能吸水树脂的吸水能力总体趋势是下降的，这是由于在反复溶胀时有部分腐殖酸溶出。

三组设计中的 SAP(高性能吸水树脂) 的稳定吸水量保持在 1562.50mL/m^3 以上。在 10 年一遇降雨强度循环降雨条件下的稳定吸水量为 1710.50mL/m^3；在 5 年一遇降雨强度循环降雨条件下的稳定吸水量为 1647.52mL/m^3；在 15 年一遇与 5 年一遇降雨强度交替循环降雨条件下的稳定吸水量为 1620.31mL/m^3。这说明高性能吸水树脂的保水能力非常强，吸水性能好，循环利用效率高。

从图 7.4 中可以看出，三组试验的稳定吸水率总体变化幅度不大。这是由于树脂的凝胶强度很大，在多次反复吸水过程中聚合物网络的塌缩很小 [67]。在第 4 次吸水溶胀时，三组试验的稳定吸水率都有一定的升高。这主要是在 50℃下加热干燥土样时由后交联引起的。初始释放较快的吸水树脂中的腐殖酸以物理方式填充在高性能吸水树脂的交联网格中，容易释放，而释放速度较慢的腐殖酸以化学键与丙烯酸和壳聚糖结合在一起，必须经过溶胀 — 扩散 — 溶解才能释放 [79]。

7.2.3 不同降雨条件下多次吸水变化

随着吸水次数增加，高性能吸水树脂的吸水量、吸水率会有所降低，因此本试验中将吸水量、吸水率作为其寿命的评价指标。图 7.5 和图 7.6 分别为三组不同降雨条件下，人工复合土壤中吸水量、吸水率随时间与吸水次数的变化规律。

对比图 7.5 发现，每次降雨过后吸水量变化趋势总体上相同，在 60min 的降雨时间内，吸水量均随着时间的增加呈正相关关系；60min 的降雨结束后，吸水量有一段短暂的下降趋势，而后基本趋于稳定；在 90min 时吸水量几乎不变。因此，可将 90min 时 SAP 土壤吸水量作为一次降雨结束后的累积最大吸水量。

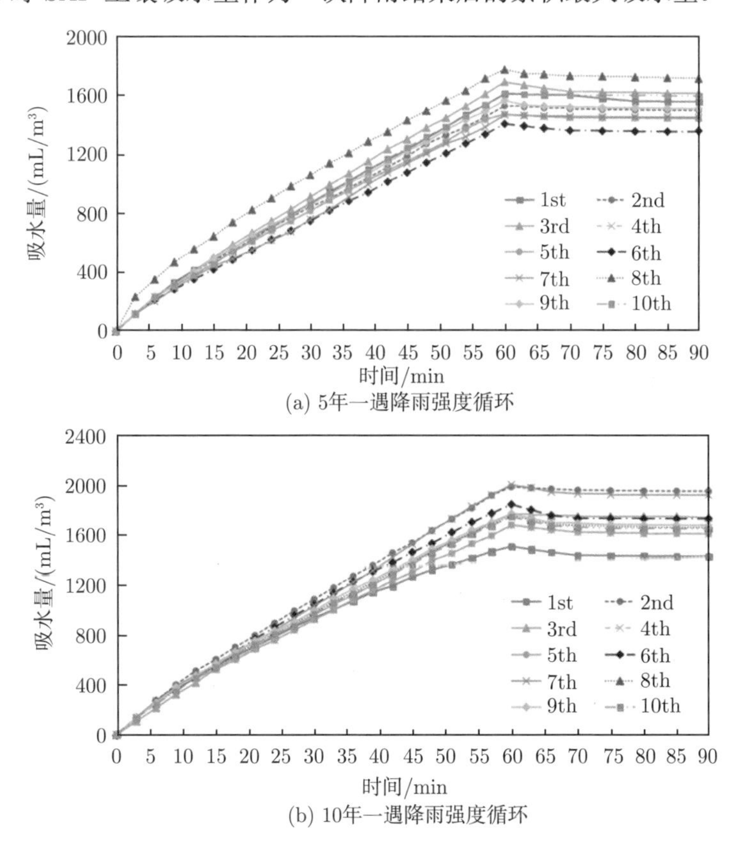

(a) 5年一遇降雨强度循环

(b) 10年一遇降雨强度循环

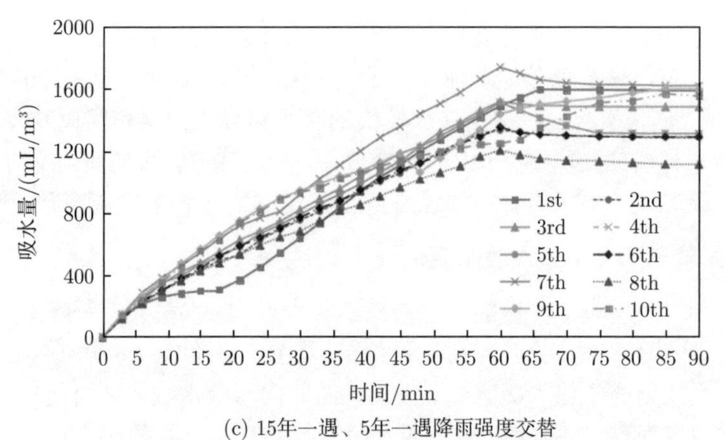

(c) 15年一遇、5年一遇降雨强度交替

图 7.5　不同降雨强度条件下循环降雨后吸水量变化图

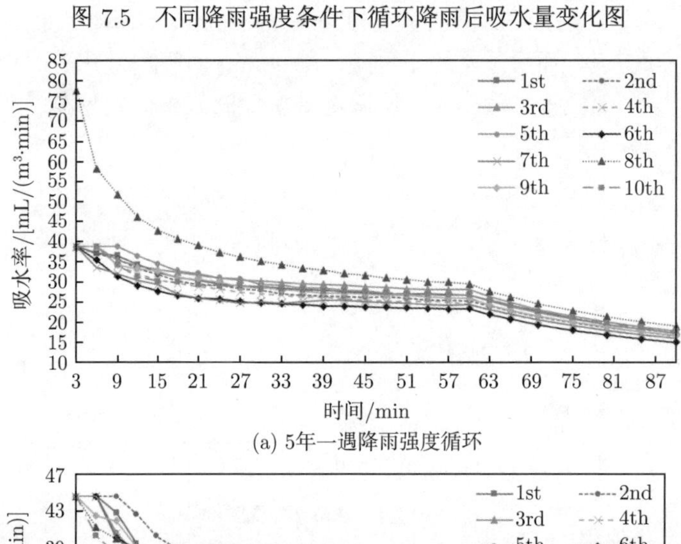

(a) 5年一遇降雨强度循环

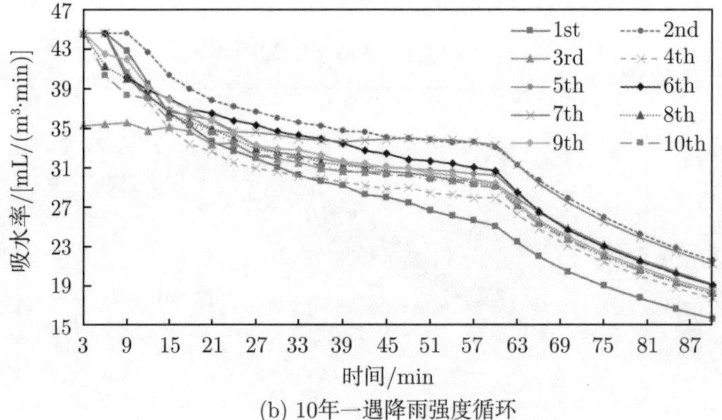

(b) 10年一遇降雨强度循环

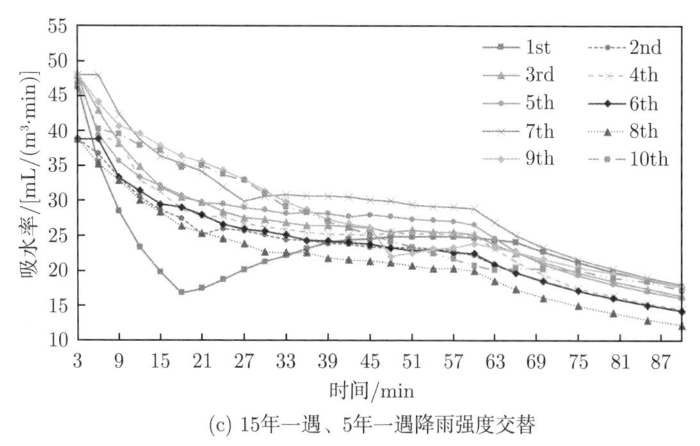

(c) 15年一遇、5年一遇降雨强度交替

图 7.6 不同降雨强度条件下循环降雨后吸水率变化图

在图 7.5(c) 中可以看到吸水量变化中有一个突变点，是第一次在降雨强度为 15 年一遇的情况下出现的，主要因为第一次降雨强度过大，前文已经得到掺加高性能吸水树脂的人工复合土壤在济南市的降雨临界强度为 10 年一遇左右，而 15 年一遇降雨强度已超过其临界降雨强度，因此在试验时地表出现积水，SAP 层土壤吸水量有所降低。同理可看到图 7.6(c) 中对应时刻也出现一个突变点。

再对比图 7.6 可以看出，三组降雨强度下的吸水率均随时间不断下降，降雨的前 30min 内，吸水率下降幅度比较大，30min 以后吸水率降幅比较小。由于高性能吸水树脂吸水能力比较强，其在前 30min 内会不断吸水。随着降雨时间增加，雨水已经逐渐渗透到人工土壤土层各处，高性能吸水树脂吸水能力不断接近饱和。因此，降雨前 30min 吸水率会不断下降，而 30min 后吸水率变化不大。当降雨结束后吸水率降幅又开始增大，主要是因为那些未被高性能吸水树脂锁住的水分在重力作用下从土壤孔隙中流失。在人工复合土壤下层 —— 石英砂活性炭层及砾石层，颗粒之间孔隙大，无保水能力，因此土柱仪底部出水量增大，SAP 层土壤吸水率再次下降。

基于图 7.5 的分析，90min 的吸水量达到最大，且基本趋于稳定。因此，每组试验均采用 90min 时的累积吸水量作为评价混有高性能吸水树脂的土壤在三种不同降雨条件下的稳定吸水量。试验过程中出现的最大累积吸水量、吸水率及第 10 组的稳定吸水量、吸水率如表 7.4 所示。

由表 7.4 可知，最大累积吸水量、第 10 组稳定吸水量，都是试验组 B(10 年一遇降雨强度) 的结果最高。在一定程度上，可看出若济南市发生 10 年一遇降雨强度以内的降雨，则土壤中的高性能吸水树脂能更充分发挥作用，降雨强度越大，累积吸水量将会越大。此外，C 组 (15 年一遇、5 年一遇交替循环降雨强度) 试验结果均比前两组降雨强度保持不变的试验结果要差。这说明在不同的降雨强度下，高性能吸水树脂的吸水性能无法得到充分发挥，而均匀降雨强度更有利于发挥高性能吸水树脂的吸水性能。

表 7.4　三组试验吸水情况

参数	10 年一遇降雨强度	5 年一遇降雨强度	15 年、5 年一遇交替循环降雨强度
最大累积吸水量/(mL/m^3)	2082.67	1843.85	1811.49
最大吸水率/[mL/(m^3·min)]	46.48	80.89	50.01
第 10 组稳定吸水量/(mL/m^3)	1710.5	1660.02	1620.3
第 10 组稳定吸水率/[mL/(m^3·min)]	19.01	18.44	18

7.3　平均脱水时间

该部分试验分两组进行，降雨强度分别设计为 10 年一遇和 5 年一遇，降雨时间为 2016 年 12 月 16 日 18:00，在河海大学水文水资源与水利工程科学国家重点实验室进行，降雨结束后将两组土柱仪装置放在实验室外，进行自然蒸发，观测土壤含水量的变化。蒸发到 2016 年 12 月 30 日 16:00 进行数据采集，此时蒸发时间已有 14d，蒸发时间内土柱仪内各层土壤湿度变化见图 7.3。

从图 7.3 可以看出，降雨结束后蛭石层与活性炭层释水过程明显比 SAP 层土壤速度快，300h 以后基于 SAP 的分层复合人工土壤的三层结构内的湿度基本趋于稳定，变化幅度非常小，仅为 0.1%左右，且蛭石层和活性炭层土壤湿度基本与前期各层内土壤湿度持平，但 SAP 层在降雨过后由于 SAP 强大的吸水作用，土壤湿度即使在 300h 后依然保持较高水平，在 10 年一遇和 5 年一遇降雨条件下分别为 36.43%和 34.90%。

对于以上两组试验，掺加高性能吸水树脂的土壤位于地表以下 15~25cm，其上层有 15cm 厚混有蛭石的土壤，土柱仪本身直径只有 35cm，蒸发面积小，仅为 9.62×10^{-2}m^2。此外，由于试验时间在冬季，温度较低，如图 7.7 和表 7.5 所示，当时南京日平均气温仅在 1.5~12.5℃，空气湿度大，日平均空气湿度为 62%~96.5%，因此 SAP 层土壤蒸发较慢；再加上高性能吸水树脂本身吸水能力较强，吸水倍率通常在 300 以上，且保水能力强，导致释水过程较慢。

从图 7.3 中无法看出人工复合土壤的平均脱水时间，且由于日蒸发量少，若试验期间发生降雨，周期可能会更长。因此，考虑对目前现有数据进行拟合，定量进行分析。两组试验的土壤湿度变化拟合如图 7.8 所示。

从图 7.8 可看出，采用多项式拟合 SAP 层土壤湿度变化效果较好，相关系数 R^2 均达到 0.9 以上，拟合公示如表 7.6 所示，因此采用相同方法对 2016 年 12 月 30 日 16:38 和 2017 年 1 月 3 日 16:16 进行人工降雨后两组试验的 SAP 层土壤湿度数据进行拟合，得到的拟合公式如表 7.7 和表 7.8 所示，拟合图如图 7.9 和图 7.10 所示。

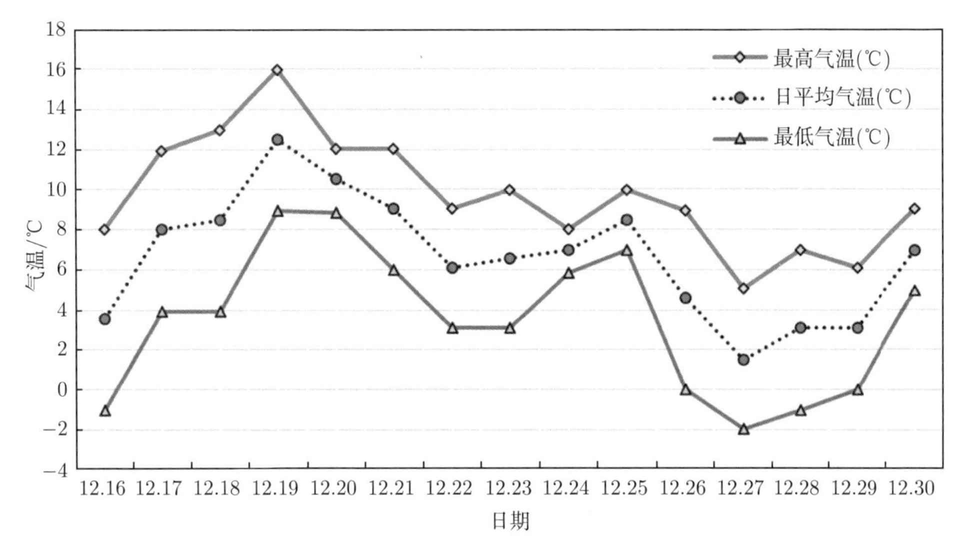

图 7.7 2016 年 12 月 16 日降雨过后气温状况

表 7.5 试验期间天气状况

日期	最高气温/°C	最低气温/°C	平均湿度/%	风力	天气
2016.12.16	8	−1	64.5	3~4 级	晴
2016.12.17	12	4	70	3~4 级	晴 ~ 多云
2016.12.18	13	4	62	1~2 级	多云
2016.12.19	16	9	70.5	1~2 级	多云 ~ 小雨
2016.12.20	12	9	91	3~4 级	小雨 ~ 小到中雨
2016.12.21	12	6	92.5	3~4 级	小到中雨 ~ 小雨
2016.12.22	9	3	86	4~5 级	阴 ~ 多云
2016.12.23	10	3	70	3~4 级	晴 ~ 多云
2016.12.24	8	6	83	3~4 级	多云 ~ 阴
2016.12.25	10	7	96.5	3~4 级	小雨
2016.12.26	9	0	89.5	3~4 级	小雨
2016.12.27	5	−2	69	4~5 级	多云 ~ 晴
2016.12.28	7	−1	65	3~4 级	多云
2016.12.29	6	0	69	3~4 级	晴
2016.12.30	9	5	80.5	3~5 级	晴

从图 7.9 和图 7.10 的拟合结果看，采用多项式对土壤湿度的拟合结果整体都较好。相关系数 R^2 为 0.86~0.95，可见拟合结果具有较高可信度。基于以上拟合结果及拟合公式，可求出混有 SAP 的土壤湿度减小到前期土壤湿度所需时间，即平

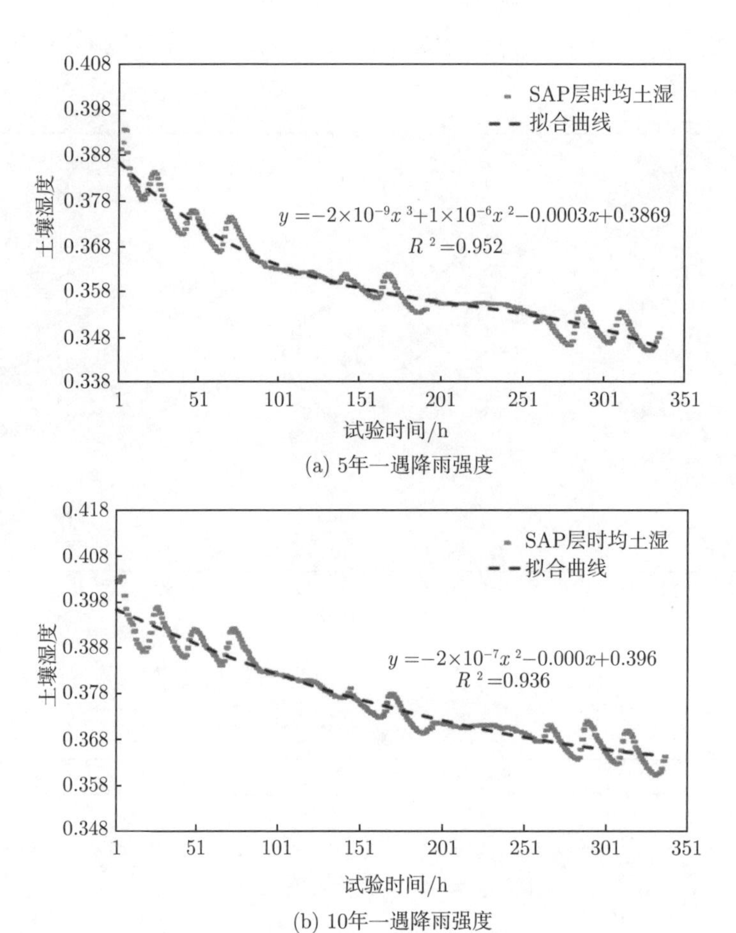

图 7.8　2016 年 12 月 16 日土壤湿度拟合图

表 7.6　2016 年 12 月 16 日不同降雨强度条件下人工复合土壤层湿度拟合公式

降雨强度	拟合公式
5 年一遇	$\theta = -2 \times 10^{-9}t^3 + 1 \times 10^{-6}t^2 - 0.0003t + 0.3869\ (R^2 = 0.952)$
10 年一遇	$\theta = -2 \times 10^{-7}t^2 + 0.396\ (R^2 = 0.936)$

表 7.7　2016 年 12 月 30 日不同降雨强度条件下人工复合土壤层湿度拟合公式

降雨强度	拟合公式
5 年一遇	$\theta = 1 \times 10^{-15}t^6 - 1 \times 10^{-12}t^5 + 6 \times 10^{-10}t^4 - 1 \times 10^{-7}t^3$ $+1 \times 10^{-5}t^2 - 0.0006t + 0.3883\ (R^2 = 0.902)$
10 年一遇	$\theta = 2 \times 10^{-15}t^6 - 2 \times 10^{-12}t^5 + 8 \times 10^{-10}t^4 - 2 \times 10^{-7}t^3$ $+2 \times 10^{-5}t^2 - 0.0009t + 0.4031\ (R^2 = 0.896)$

表 7.8 2017 年 1 月 3 日不同降雨强度条件下人工复合土壤层湿度拟合公式

降雨强度	拟合公式
5 年一遇	$\theta=-2\times10^{-13}t^5+2\times10^{-10}t^4-8\times10^{-8}t^3+1\times10^{-5}t^2-0.0012t+0.4076\ (R^2=0.921)$
10 年一遇	$\theta=-4\times10^{-13}t^5-7\times10^{-11}t^4-2\times10^{-8}t^3+7\times10^{-6}t^2+0.405\ (R^2=0.861)$

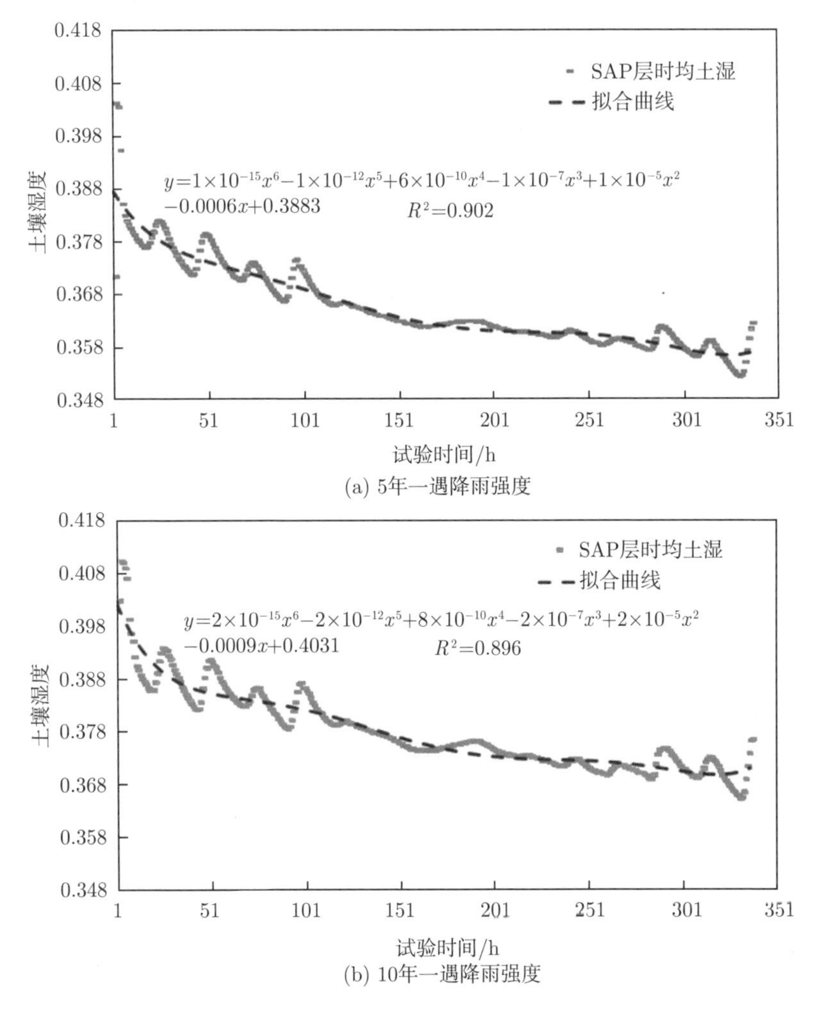

图 7.9 2016 年 12 月 30 日土壤湿度拟合图

均脱水时间。对此，前期土壤湿度以第一次降雨 (即 2016 年 12 月 16 日)SAP 层土壤初始土湿为准，5 年一遇前期土湿为 18.61%，10 年一遇前期土湿为 24.86%。由此求出的平均脱水时间如表 7.9~ 表 7.11 所示。

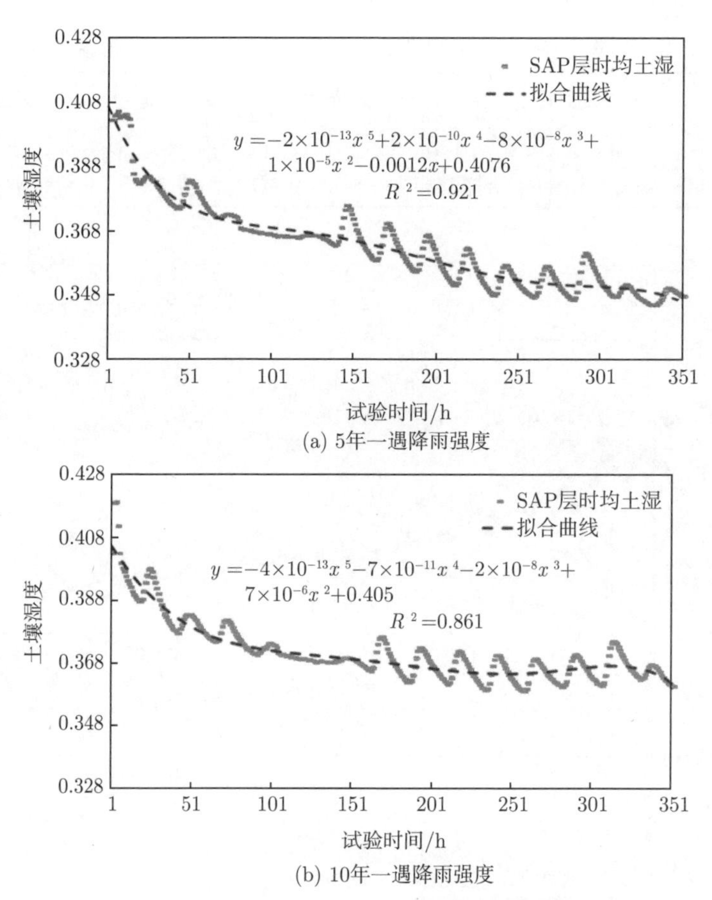

(a) 5年一遇降雨强度

(b) 10年一遇降雨强度

图 7.10　2017 年 1 月 3 日土壤湿度拟合图

表 7.9　2016 年 12 月 16 日不同降雨强度条件下人工复合土壤层平均脱水时间

降雨强度	拟合公式	平均脱水时间/h
5 年一遇	$\theta = -2 \times 10^{-9}t^3 + 1 \times 10^{-6}t^2 + 0.3869$	702
10 年一遇	$\theta = -2 \times 10^{-7}t^2 + 0.396$	858

表 7.10　2016 年 12 月 30 日不同降雨强度条件下人工复合土壤层平均脱水时间

降雨强度	拟合公式	平均脱水时间/h
5 年一遇	$\theta = -1 \times 10^{-12}t^5 + 6 \times 10^{-10}t^4 - 1 \times 10^{-7}t^3 + 1 \times 10^{-5}t^2 + 0.3883$	427
10 年一遇	$\theta = -2 \times 10^{-12}t^5 + 8 \times 10^{-10}t^4 - 2 \times 10^{-7}t^3 + 2 \times 10^{-5}t^2 + 0.4031$	200

由表 7.9~ 表 7.11 所计算出来的平均脱水时间结果可知，5 年一遇降雨强度条件下 SAP 人工土壤的平均脱水时间为 450h，约为 19d；10 年一遇降雨强度条件下 SAP 人工土壤的平均脱水时间为 422h，约为 18d；5 年一遇和 10 年一遇降雨强度下平均脱水时间仅差 1d，可见降雨强度的大小对加入 SAP 的人工土壤平均脱水时

间影响不大。

表 7.11 2017 年 1 月 3 日不同降雨强度条件下人工复合土壤层平均脱水时间

雨强	拟合公式	平均脱水时间/h
5 年一遇	$\theta=-2\times10^{-13}t^5+2\times10^{-10}t^4-8\times10^{-8}t^3+1\times10^{-5}t^2-1\times10^{-2}t+0.4076$	220
10 年一遇	$\theta=-4\times10^{-13}t^5-7\times10^{-11}t^4-2\times10^{-8}t^3+7\times10^{-6}t^2+0.405$	207

再对三场降雨发生的时间进行分析，降雨后虽然放在室外进行自然蒸发，但此时南京 12 月份与 1 月份的气温非常低，12 月份平均温度仅为 7℃，空气湿度约为 72%；1 月份平均气温仅为 3.5℃，空气湿度约为 76%；试验期间还伴有降雨天气，在试验数据监测期间 2016 年 12 月 16 日 ~2017 年 1 月 27 日，共计 43d，降雨天气就有 13d，极不利于土壤蒸发，且 SAP 层土壤位于土柱仪内地表以下 15~25cm 深度，土壤水分的蒸发更加困难，因此平均脱水时间较长。但实际中，将 SAP 人工复合土壤应用于下沉式绿地中时，是在气温较高的夏季发挥其吸水保水性能，蒸发面积较大，因此实际运用中平均脱水时间将大大缩短。

7.4 本章小结

本章通过对土柱仪内人工复合土壤进行不同雨强下的降雨试验，探究了 SAP 人工复合土壤随时间与吸水次数的变化规律，从而对高性能吸水树脂在土壤中的循环使用效率及平均脱水时间进行分析。

人工复合土壤在降雨时吸水能力很强，能快速地吸收水分，降雨结束后退水较慢，即使降雨结束 250h 后，土壤中水分含量仍较高，说明高性能吸水树脂保水作用显著，有利于绿地植物生长。随着吸水次数的增加，复合土壤的稳定吸水量并不是一直下降，有时会出现高于上一次稳定吸水量的情况，说明高性能吸水树脂的循环使用效果较好。但经过多次降雨 — 烘干处理后，其吸水能力总体趋势是下降的。对于 10 年一遇的降雨强度，土壤中的高性能吸水树脂能充分发挥作用，雨强越大，累积吸水量也将增大。不同的降雨强度下，高性能吸水树脂的吸水性能无法得到充分发挥，均匀降雨强度更有利于发挥其吸水性能。

5 年一遇的降雨条件下 SAP 人工土壤的平均脱水时间为 450h，约为 19d；在 10 年一遇的降雨条件下平均脱水时间为 422h，约为 18d；原因主要在于试验时间为冬季，并且 SAP 层土壤位于土柱仪内地表以下 15~25cm 的深度，不利于土壤的蒸发，使得平均脱水时间比较长。但实际将 SAP 人工复合土壤应用于下沉式绿地中时，是在气温较高的夏季发挥其吸水保水性能，蒸发面积较大，因此实际运用中平均脱水时间将大大缩短。

第 8 章　下沉式绿地结构水质净化试验分析

济南市水资源非常有限，解决水资源短缺问题的有效途径是加强雨水利用。本章利用由人工复合土壤铺设组成的土柱试验，过滤收集路面、屋面雨水径流，通过测定污染物在土柱仪中浓度的变化情况来确定基于高性能吸水树脂的分层复合人工土壤对雨水悬浮物及其他污染物的去除效果。

8.1　水质净化试验

8.1.1　试验设计

8.1.1.1　试验水样

雨水径流污染属于面源污染，具有突发性和非连续性，其特点是初期雨水径流的污染物浓度高，随着径流的持续，汇水面不断被冲洗，污染物含量逐渐降低并趋于稳定。由于降雨总量所含污染物浓度相比于初期雨水径流低很多，因此，为避免初期雨水所带来的污染，保证后期雨水水质，将弃流作为整个雨水收集利用系统的预处理过程，为雨水的贮存和后续利用提供水质相对稳定的水源 [107]。

试验采用济南市 2016 年 10 月和 11 月的屋面雨水作为试验水样。收集雨水的屋面是济南市玉周景园小区内的 4 号楼、6 号楼、8 号楼和 9 号楼，路面则是济南市水文局腊山分洪工作站内水文试验场的硬质路面。屋面材料类型均是平台防水材料，最下层是聚氨酯涂层，上盖改性沥青和砂，最上层是水泥砂浆；路面主要材料为沥青、水泥、砂石。

济南市 2016 年 10 月和 11 月的空气质量指数 (air quality index，AQI) 情况分别如图 8.1 和图 8.2 所示。

从图 8.1 与图 8.2 可以看出，济南市 2016 年 10 月的平均 AQI 约为 95，11 月的平均 AQI 约为 110，空气质量均为中度污染状况，因此收集的雨水对于本试验对污染物浓度的过滤效果具有代表性。

8.1.1.2　试验材料

所采用的试验材料规格及用途如表 8.1 所示。

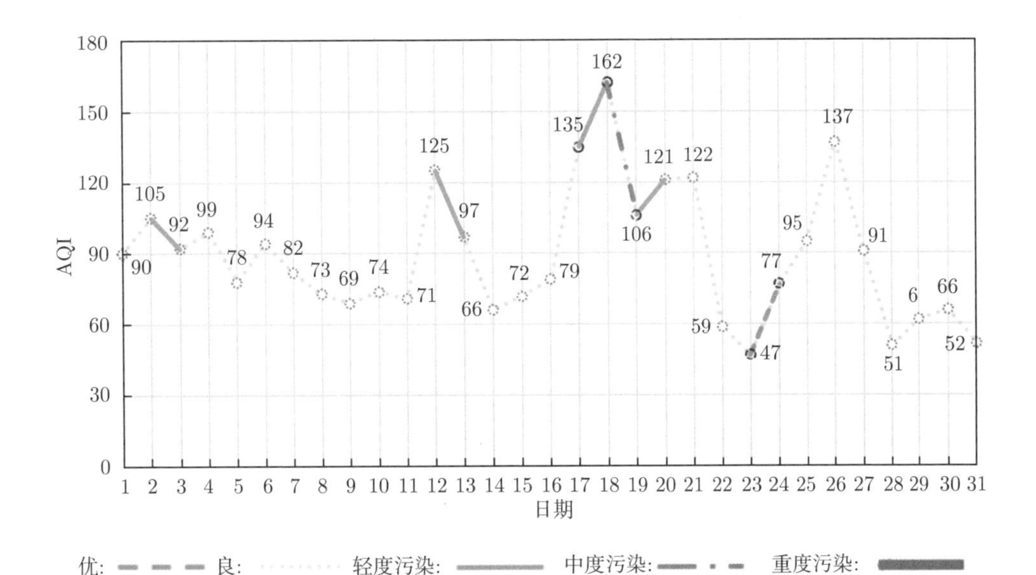

图 8.1 济南市 2016 年 10 月空气质量指数趋势图

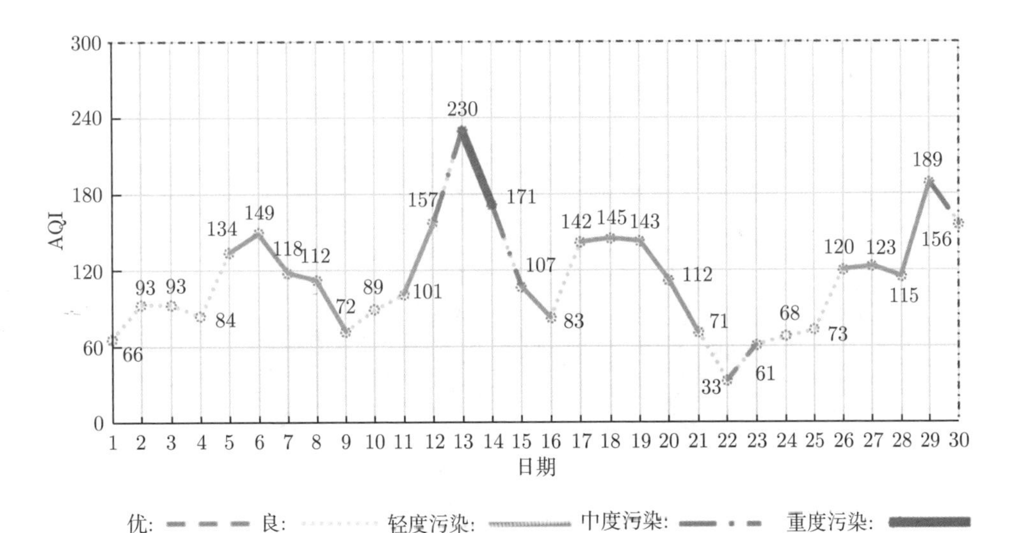

图 8.2 济南市 2016 年 11 月空气质量指数趋势图

8.1.1.3 试验仪器

水质检测部分的试验在济南市水文局腊山分洪工作站的水质检验实验室中完成，请实验室工作人员协助检测相关指标，主要用到的仪器设备名称、生产厂家及用途如表 8.2 所示。

表 8.1　试验用品表

序号	试验用品名称	规格	用途
1	石英砂	4~8mm	SAP 人工土壤净水层材料
2	活性炭	0.4~3mm	SAP 人工土壤净水层材料
3	砾石	8~16mm、16~32mm	SAP 人工土壤排水层材料
4	SAP	10~20 目	SAP 人工土壤保水层材料
5	蛭石	3~6mm	SAP 人工土壤种植土层材料
6	屋面雨水		试验水样
7	取样瓶	250mL	取样
8	取水桶	10L，25L	取试验水样

表 8.2　主要仪器、设备表

序号	设备名称	生产厂家	用途
1	土柱仪	上海大有仪器设备有限公司	过滤装置
2	分光光度计	上海恒平科学仪器有限公司	测氨氮、磷
3	电子分析天平	上海瑞曼科技精密仪器有限公司	称重
4	原子吸收分光光度计	北京瑞星仪器厂	测重金属
5	电热鼓风干燥箱	浙江上虞风尚仪器厂	烘干
6	紫外线可见分光光度计	上海奥析科学仪器有限公司	光谱分析
7	量筒		量水样体积

本试验中，现场的土柱仪过滤装置如图 8.3 所示。

图 8.3　土柱仪过滤装置

8.1.2　试验参数与指标

8.1.2.1　水文地质参数

1) 有效孔隙率

土柱仪高度为 1m，直径为 34cm，土柱仪中分 4 层装填材料：砾石混合层、石英砂活性炭混合层、SAP 土壤混合层、蛭石土壤混合层，各层材料的混合比、土层厚度与前文所设计的混合比保持一致，各层厚度依次为 15cm、20cm、10cm、15cm，总土层厚度为 60cm。

向土柱仪中均匀注入自来水，直至土层全部淹没，注水结束，开始放水。量出人工土壤各层含水体积，所得即为各层孔隙体积，带入式 (8.1) 计算各层有效孔隙率，从而体现各层压实程度。

$$N = v/V \tag{8.1}$$

式中，N 为有效孔隙率；v 为孔隙体积，即为量筒所测各层水的体积，m^3；V 为各混合层的体积，m^3。

测得各混合层的有效孔隙率见表 8.3。

表 8.3 各混合层的有效孔隙率

参数	砾石混合层	石英砂活性炭混合层	SAP 土壤混合层	蛭石土壤混合层
土层厚度/cm	15	20	10	15
孔隙率/%	56.28	25.68	5.24	9.53

2) 渗透系数

采用定水头，调节转子流量计以控制进水流量。当土柱仪含水量达到饱和，保持土柱仪内 40cm 高的水头，调节转子流量计保持进水流量恒定，记下流量。测定各层最上端和最下端水头，代入式 (8.2) 和式 (8.3) 计算各层渗透系数 [108]：

$$Q{=}KAJ \tag{8.2}$$

$$J = (h_1 - h_2)/h \tag{8.3}$$

式中，Q 为流量，m^3/s；A 为砂柱截面面积，m^2；J 为水力坡度；h_1、h_2 分别是混合层的最上端和最下端的水头，m；h 为滤层厚度，m。

经试验测得各混合层渗透系数见表 8.4。

表 8.4 各混合层的渗透系数

参数	砾石混合层	石英砂活性炭混合层	SAP 土壤混合层	蛭石土壤混合层
土层厚度/cm	15	20	10	15
渗透系数/(m/d)	22056.683	8569.36	35.42	257.865

8.1.2.2 检测指标

天然雨水污染物主要来自于大气污染物，如 NH_3-N、NO_3-N、NO_2-N 与农业氮肥的使用相关，F^- 和挥发酚主要来自化石燃料的燃烧，Pb 和 Zn 来自汽车尾气，

色度和固体悬浮物 (SS) 来自空气降尘 [107]。李梅和于晓晶 [109] 选取济南城区和郊区 4 个不同下垫面的屋面和路面作为雨水取样点，分析了不同时间段雨水水质的变化趋势，采用的污染物指标主要有水样的 pH、色度、化学需氧量 (COD)、SS、总氮 (TN)、总磷 (TP)、NH_3-N 等；张克峰等 [110] 对济南市 2007 年 4~10 月的 6 场降雨进行路面和屋面雨水水质分析，结果表明，济南市降雨径流后期屋面径流的 COD、SS 浓度分别维持在 20mg/L 和 50mg/L 以下，路面的 COD、Cr 浓度维持在 50mg/L 左右，但 SS 浓度较大。

对此，采用的检测项目、检测方法及检出限见表 8.5 所示。

表 8.5　检测项目及检测方法一览表

项目	国标编号	检测方法	检出限
浊度	GB 13200—1991	水质 浊度的测定	3NTU
悬浮物	GB 11901—1989	水质 悬浮物的测定 重量法	1mg/L
色度	GB/T 5750.4—2006	铂–钴标准比色法	5
挥发酚	GB/T 5750.4—2006	4-氨基安替比林三氯甲烷萃取分光光度法	0.002mg/L
氨氮	GB/T 5750.5—2006	纳氏试剂分光光度法	0.02mg/L
Pb	GB/T 5750.6—2006	电感耦合等离子体发射光谱法	0.02mg/L
Zn	GB 7472—1987	水质 锌的测定 双硫腙分光光度法	0.005mg/L
亚硝酸盐氮	GB/T 5750.5—2006	重氮偶合分光光度法	0.001mg/L

8.2　水质净化效果

为更好地分析分层复合土壤水质净化作用，本试验中设置三组试验进行对比，设计组 1 号为纯土，为提高结果的可靠性，设计组 2、3 号均为分层复合人工土壤，取 2 号、3 号的出水结果平均值作为分层复合土壤的水质净化结果。评价基于 SAP 的分层复合人工土壤对污染物指标的去除效果，采用的参考标准有《地下水质量标准》(GB/T 14848—1993)、《生活饮用水卫生标准》(GB 5749—2006)、《澳大利亚水环境标准》[108]。

8.2.1　浊度

地下水环境质量III类标准规定浊度为 3NTU。浊度在各次降雨径流及净化后的浓度变化见图 8.4。从图 8.4 可看出，总体上分层复合人工土壤和天然土壤对屋面、路面雨水径流中的浊度有很好的改善效果，平均降低率分别为 92.34%、64.46%，其中分层复合人工土壤对浊度的改善效果明显优于天然土壤，平均改善效果比天然土壤高 27.88%，出水结果均小于 3NTU，达到地下水环境质量III类标准。对浊度大于 60NTU 的水样，分层复合人工土壤的改善效果甚至达到了 95% 以上，对浊度小于 60NTU 的水样，改善效果也至少有 80%。

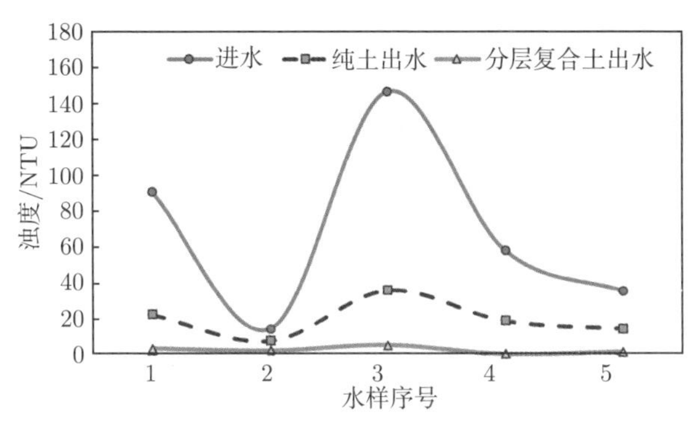

图 8.4 进出水样浊度值

8.2.2 悬浮物

我国尚未制定土壤回灌水中悬浮物的标准，参照《澳大利亚水环境标准》，规定悬浮物值小于 20mg/L，悬浮物浓度变化见图 8.5。由图 8.5 可见，人工复合土壤和天然土壤对屋面、路面雨水径流中的悬浮物有很好的去除效果，平均去除率分别为 87.2%、62.3%，且分层复合人工土壤对悬浮物的去除效果比天然土壤高 24.9%。检测结果显示，天然土壤出水悬浮物浓度仍然超标，说明分层复合人工土壤对悬浮物去除效果更佳。

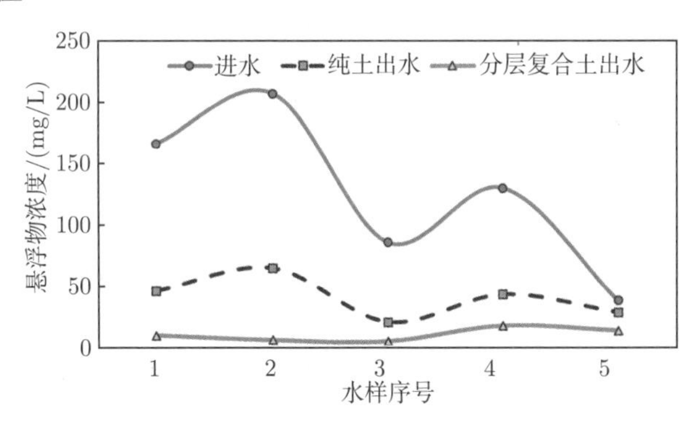

图 8.5 进出水样悬浮物浓度值

根据水中悬浮颗粒在土柱仪中与分层复合人工土壤各层滤料的接触絮凝原理，悬浮物在土柱仪中被各层截留的过程大体是：在悬浮颗粒与褐土、石英砂、活性炭接触絮凝的同时，还存在着由于水流冲刷而使被黏附的颗粒从滤料表面脱落的作用。颗粒与滤料的接触絮凝，主要取决于微絮凝体的表面特性及其强度，而颗粒从滤料表面的脱落则取决于滤层孔隙中的流速。在过滤开始阶段，滤层比较干净，孔隙也较大，孔隙流速也较小，水中大量的悬浮颗粒首先被表层的 1~10cm 厚度的滤料所截留，少量的颗粒因黏附不牢而下移并被下层滤料所截留。随着过滤过程的不断进行，表层滤料孔隙率越来越小，孔隙流速增大，黏附表面积减少，于是表面滤料上的黏附颗粒脱落趋势增强，并向下层推移，下层滤料的截留作用也渐次得到发挥。经过褐土、石英砂、活性炭的层层吸附、过滤作用，水样中的悬浮物也在不断地减少 [108,109]。

8.2.3　色度

《生活饮用水卫生标准》规定色度值应小于 15，色度浓度变化见图 8.6。从图 8.6 中可看出，人工复合土壤和天然土壤的出水色度明显减小，对色度的平均降低率分别为 86.02%、57.05%，且人工土壤过滤后色度值几乎都符合饮用水标准，说明人工复合土壤对色度改良效果很好，出水水质稳定。

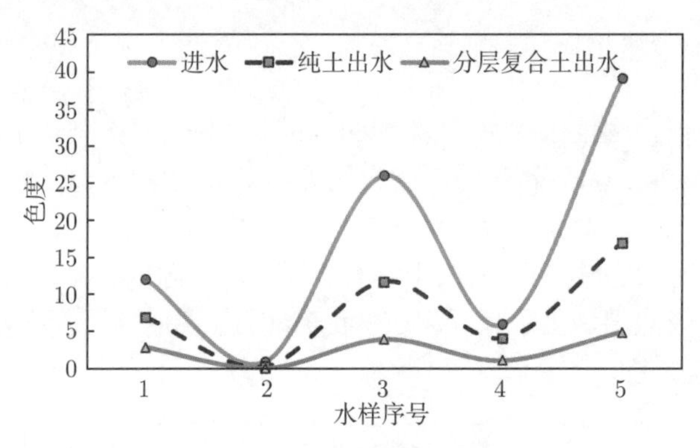

图 8.6　进出水样色度值

8.2.4　挥发酚

挥发酚具有剧毒性，因此《生活饮用水卫生标准》和《地下水质量标准》均规定其含量应小于 0.002mg/L，从挥发酚浓度变化图 8.7 中发现，人工土壤和天然土壤对挥发酚的平均去除效果分别为 83.67%、62.66%。当进水的挥发酚浓度较高，

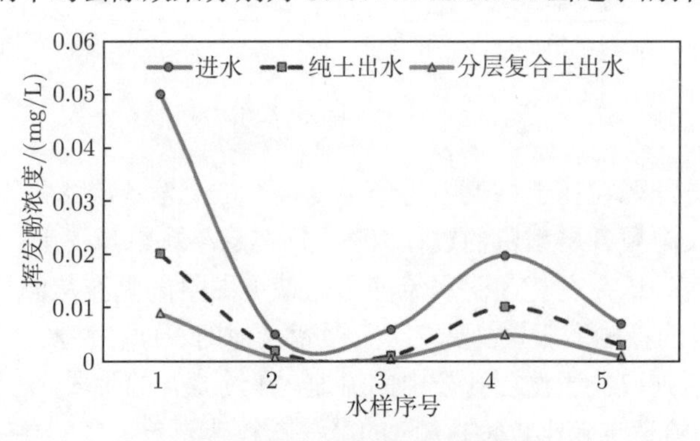

图 8.7　进出水样挥发酚浓度值

如达到 0.05mg/L，分层复合人工土壤去除率虽达到 82%，但出水水质未达到饮用水标准。而当进水的挥发酚浓度低时，出水浓度都能达到标准，可见分层复合人工土壤对高浓度的挥发酚去除效果一般。天然土壤的出水效果则较差，出水结果均超标，无法达到饮用水标准。

8.2.5 氨氮

《生活饮用水卫生标准》与《地下水质量标准》III类规定值为小于 0.2mg/L。从氨氮浓度的变化图 8.8 中发现，分层复合人工土壤对氨氮的平均去除率为 57.22%，且若氨氮的进水浓度很高，去除率就会降低，进水氨氮浓度大于 1mg/L 时，分层复合人工土壤对氨氮的平均去除率为 55.27%，仍达不到生活饮用水标准值。可见进水中氨氮浓度越高，分层复合人工土壤对其去除率就会越低。而天然土壤的平均去除率仅为 23.8%，出水结果均达不到生活饮用水标准值。

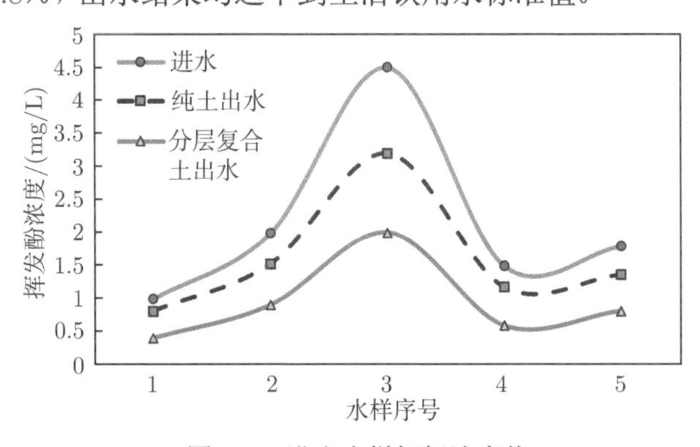

图 8.8 进出水样氨氮浓度值

氨氮是雨水中氮的主要存在形态，雨水首先流经土柱仪上层的好氧区域，其中的氨氮被氧化为硝酸盐氮或亚硝酸盐氮，使氨氮浓度降低。由氨氧转化成硝酸的过程称为硝化作用。这个过程须在好氧条件下才能进行。硝化作用由两类不同的硝化细菌分工负责，并分两步完成。亚硝酸细菌负责氧化氨为亚硝酸，硝酸细菌负责氧化亚硝酸为硝酸 [105,106,111]，其反应过程如下。

氧化过程：

$$NH_4^+ + 2O_2 \longrightarrow NO_3^- + 2H^+ + H_2O + \text{能量}$$

合成过程：

$$13NH_4^+ + 15CO_2 \longrightarrow 10NO_2^- + 23H^+ + 4H_2O + 3C_5H_7NO_2(\text{亚硝酸细菌})$$

$$NH_4^+ + 5CO_2 + 10NO_2^- + 2H_2O \longrightarrow 10NO_3^- + H^+ + C_5H_7NO_2(\text{硝酸细菌})$$

由此可见，该反应过程中硝酸细菌与亚硝酸细菌是反应发生的关键条件，且必须要通过这两类细菌的共同作用才能完成。硝化细菌的存活需要水分、很高的氧气含量，这对土壤的要求非常高；而硝酸盐氮最终要被还原为氮气等，才能实现氨氮的去除。但当氨氮的进水浓度较高时，由于好氧阶段即硝化作用的时间很短，因此氨氮无法进一步转化为硝酸盐氮，氮的去除变得非常困难 [105,106,110−116]。

8.2.6　金属离子

从图 8.9 中可看出，分层复合人工土壤和天然土壤对金属离子铅和锌都有较好的去除效果，尤其对于锌离子，出水水质均达到生活饮用水卫生标准值 1mg/L，而且分层复合土壤的去除率达到了 99%以上，去除效果显著。对于铅离子，《生活饮用水卫生标准》规定值为 0.01mg/L，试验组发现出水铅浓度均达标，两组对于铅离子的平均去除率分别为 98.16%、73.66%，可见分层复合人工土壤和天然土壤对铅离子去除效果均较好，但是分层复合土壤的去除效果优于天然土壤。

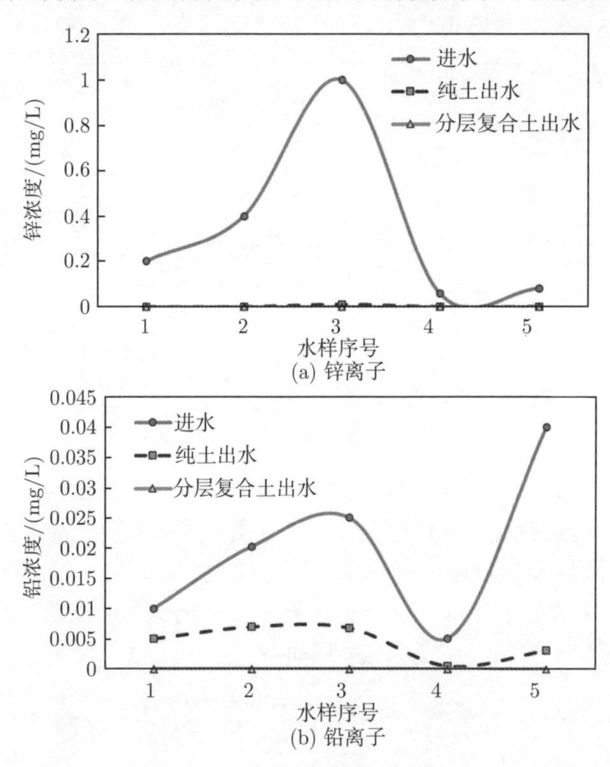

图 8.9　进出水样金属离子浓度值

8.2.7　亚硝酸盐

《生活饮用水卫生标准》与《地下水质量标准》III类中亚硝酸盐规定值均为小于 0.02mg/L，从亚硝酸盐氮浓度的变化图 8.10 中发现，分层复合人工土壤和天然土壤对亚硝酸盐氮的去除效果很差，且若进水的亚硝酸盐氮浓度很高，去除率就会很低甚至出现出水浓度比进水浓度高的情况；进水的亚硝酸盐氮浓度大于 0.02mg/L 时，分层复合人工土壤和天然土壤对亚硝酸盐氮的去除效果非常差，出水效果均达不到标准值。

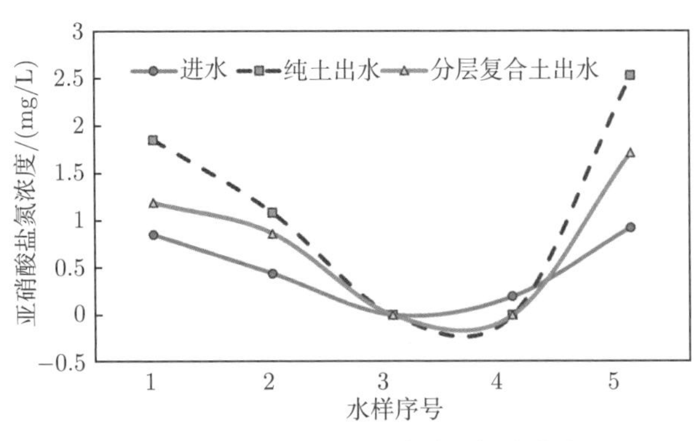

图 8.10 进出水样亚硝酸盐氮浓度值

雨水中亚硝酸盐、硝酸盐的去除必须要经过反硝化作用。硝酸盐在缺氧条件下被反硝化细菌作用而还原成亚硝酸盐，然后转化为氮气等，这一过程称为反硝化。反硝化细菌种类很多，多数为异氧型 [112]。它们在缺氧情况下利用 NO_3^- 和 NO_2^- 中的氧，氧化有机物，从而获得能量。

反硝化细菌需要有机碳源来合成新微生物细胞。如果水中有机碳浓度很低，则需另外提供有机碳源来满足反硝化过程的需要。如以 CH_3OH 作为碳源，反应如下：

$$2CH_3OH + 6NO_3^- \longrightarrow 2CO_2{+}4H_2O + 6NO_2^-$$

$$3CH_3OH + 6NO_2^- \longrightarrow 3CO_2{+}3H_2O + 6OH^- + 3N_2$$

合成反应：

$$6NO_3^- + 5CH_3OH \longrightarrow 3N_2{+}5CO_2 + 7H_2O + 6OH^-$$

反硝化作用的发生也必须要有反硝化细菌的存在，而正因如此，水样中的亚硝酸盐浓度难以降低。

8.3 本 章 小 结

本章通过室内土柱仪内分层复合人工土壤和天然土壤水质净化试验，说明了分层复合人工土壤和天然土壤对屋面、路面雨水径流污染物有一定的去除效果。分层复合人工土壤和天然土壤对浊度、色度的改善效果及 SS、金属离子的去除效果较好，并且分层复合人工土壤对污染物的去除效果显著优于天然土壤。其中分层复合人工土壤对 SS 的平均去除率达 87%以上，对浊度的降低率达 92.34%，对色度的降低率超过 70%，但对 NH_3-N、NO_2-N、挥发酚等物质去除效果差。

分层复合人工土壤主要通过过滤、吸附作用去除径流中的悬浮物、浊度、色度、金属离子等污染物，氮类主要是氨氮通过硝化作用转化为亚硝酸盐氮，并以后者的形式存在。出水中亚硝酸盐氮浓度增加反映了这一点。总之，要提高对污染物的去除率，一方面可通过增大前期屋面、路面径流的弃流量实现，另一方面可适当增大分层复合人工土壤石英砂和活性炭层及砾石层的厚度，或者改进分层复合人工土壤的材料组成来达到出水水质的要求。

参 考 文 献

[1] 何韶瑶, 马燕玲. 基于网络城市理念的省市群空间结构体系研究 —— 以长株潭城市群为例. 湖南大学学报: 自然科学版, 2009，36(4): 80-84.

[2] 邹宇, 许乙青, 邱灿红. 南方多雨地区海绵城市建设研究 —— 以湖南省宁乡县为例. 经济地理, 2015, 35(9): 65-78.

[3] Koeser A K, Hauer R J, Hillman A, et al. Risk and storm management operations in the United States: How does your city compare? Arborist News, 2016: 20-23.

[4] Koob T, Barber E M, Hathhorn E W. Hydrologic design considerations of constructed wetlands for urban stormwater runoff. Journal of the American Water Resources Association, 1999: 13-21.

[5] Cameron J, Cincar C, Trudeau M, et al. User pay financing of stormwater management: A case-study in Ottawa-Carleton, Ontario. Journal of Environmental Management, 1999, 57(4): 253-265.

[6] 刘燕, 车伍, 李俊奇. 城市降雨径流污染控制与管理模式. 环境保护科学, 2006, 32(3): 10-12.

[7] 车伍, 吕放放, 李俊奇. 发达国家典型雨洪管理体系及启示. 中国给水排水, 2009, 25(20): 12-17.

[8] Martin P. Sustainable urban drainage systems: Best practice manual for England, Scotland, Wales and Northern Ireland. London: Construction Industry Research and Information Association, 2001.

[9] Daywater Consortium. Review of the use of stormwater BMPs in Europe. EVKl-CT-2002-00111, 2003.

[10] 弓亚栋. 建设海绵城市的研究与实践探索 —— 以西安市某小区为例. 西安：长安大学, 2015.

[11] 张建林. 下沉式绿地蓄渗城市路面雨水的试验研究. 昆明：昆明理工大学, 2007.

[12] Zaizen M, Urakawa T, Matsumoto Y. The collection of rainwater from dome stadiums in Japan. Urban Water, 2000, 1(4): 355-359.

[13] 杨文磊. 雨水利用在日本. 黑龙江水利, 2001, 21(8): 35.

[14] Frederick R, Pasquel R F, Loftin H J. Overcoming Barriers to Implementation of LID Practices. 2011 Low Impact Development Conference, September 25-28, 2011, Philadelphia, Pennsylvania, 2011.

[15] Li T, Zhang W, Huang J J. Development assessment and implementation of integrated stormwater management plan a case study in Shanghai. Journal of Southeast University

(English Edition), 2014, 30(2): 206-211.

[16] Debo T N, Reese A J. Municipal Stormwater Management. USA: CRC Press, 2002.

[17] Committee on Reducing Stormwater Discharge Contributions to Water Pollution, Water Science and Technology Board, Division on Earth and Life Studies. Urban Stormwater Management in the United States, 2009.

[18] Coombes P J, Argue J R, Kuczera G. Figtree Place: A case study in water sensitive urban development (WSUD). Urban Water, 2000, 4(1): 335-343.

[19] 方涛, 高玮, 白雪. "海绵城市" 理念下的下沉式绿地空间设计研究. 齐齐哈尔大学学报：哲学社会科学版, 2016, 4(44): 147-149.

[20] SNIFFER. SUDS in Scotland—The Monitoring Programme of the Scottish Univercities SUDS Monitoring Group. SR(02)51, 2004.

[21] 住房和城乡建设部. 海绵城市建设技术指南 —— 低影响开发雨水系统构建 (试行). 建设科技, 2015, 1(2): 10.

[22] 苏海河. 国外建设 "海绵城市" 面面观. 河北水利, 2015, (11): 30,41.

[23] 王聪, 王春雷. 城市雨水利用及其途径. 民营科技, 2012, (6): 231.

[24] 张一川. 海绵城市建设过程中应注意的问题浅析. 绿色科技, 2016, (18): 162-163, 166.

[25] 仇保兴. 海绵城市 (LID) 的内涵、途径与展望. 给水排水, 2015, (3): 1-7.

[26] 胡灿伟. "海绵城市" 重构城市水生态. 生态经济, 2015, (7): 10-13.

[27] 李小策. 国内外雨水管理标准及对我国的启示. 山西建筑, 2014, (35): 268-269.

[28] Walker J D. Modeling residence time in stormwater ponds. Ecological Engineering, 1998, (10): 45-52.

[29] Tilly R D, Brown T M. Wetland networks for stormwater management in subtropical urban watersheds. Ecological Engineering, 1998, (10): 11-19.

[30] Sieker F. On-site stormwater management as an alternative to conventional sewer systems: A new concept spreading in Germany. Water Science Technology, 1998, 38 (10): 65-71.

[31] Abu-Zreig M, Attom M, Hamasha N. Rainfall harvesting using sand ditches in Jordan. Agric Water Management, 2000, (46): 183-192.

[32] 种玉麒, 张为华. 北京城区雨洪利用的研究. 北京水利, 1996, (5): 24-27.

[33] 任树梅, 周纪明, 刘红, 等. 利用下凹式绿地增加雨水蓄渗效果的分析与计算. 中国农业大学学报, 2000, 5(2): 50-54.

[34] 叶水根, 刘红, 孟光辉. 设计暴雨条件下下凹式绿地的雨水蓄渗效果. 中国农业大学学报, 2001, 6(6): 53-58.

[35] 刘国茂. 城市道路与路面雨水利用的探讨. 城市道桥与防洪, 2005, 7(4): 63-65.

[36] 侯爱中, 唐莉华, 张思聪. 下凹式绿地和蓄水池对城市型洪水的影响. 北京水务, 2007, (2): 42-45.

[37] 陈守珊. 城市化地区雨洪模拟及雨洪资源化利用研究. 南京：河海大学, 2007.

[38] 聂发辉, 李田, 宁静. 概率分析法计算下凹式绿地对雨水径流的截留效率. 中国给水排水, 2008, 24(12): 53-56.

[39] 张光义, 李田, 聂发辉. 下凹式绿地运行效率的概率分析及其应用. 中国给水排水, 2009, 25(3): 95-98.

[40] 杨珏, 黄利群, 李灵军, 等. 城市暴雨过程对下凹式绿地设计参数的影响研究. 水文, 2011, 31(2): 58-61.

[41] 马姗姗, 庄宝玉, 张新波, 等. 绿色屋顶与下凹式绿地串联对洪峰的削减效应分析. 中国给水排水, 2014, 30(3): 101-105.

[42] 张超, 丁志斌. 基于暴雨洪水管理模型的下凹绿地和透水路面模拟研究. 水资源与水工程学报, 2014, 25(5): 185-189.

[43] 朱永杰, 毕华兴, 霍云梅, 等. 北京地区下凹式绿地土壤渗透能力及蓄水对土壤物理性质的影响. 中国水土保持科学, 2015, 13(1): 106-110.

[44] 李晓丽. 分层复合式下凹绿地的雨洪蓄渗效应研究. 南京：河海大学, 2016.

[45] Snoeck D, van den Heede P, van Mullem T, et al. Water penetration through cracks in self-healing cementitious materials with superabsorbent polymers studied by neutron radiography. Cement and Concrete Research, 2018, 113: 86-98.

[46] Yang L, Yang Y, Chen Z, et al. Influence of super absorbent polymer on soil water retention, seed germination and plant survivals for rocky slopes eco-engineering. Ecological Engineering, 2014, 62: 27-32.

[47] 李鹿. 淀粉接枝丙烯基高吸水性树脂性能与应用研究. 长春：东北师范大学, 2009.

[48] 赵博文, 王成君. 复合高吸水性树脂的制备及其性能的研究. 辽宁化工, 2014, 43(6): 687-690.

[49] 邹新禧. 高分子超强吸水剂 [I]—— 均聚丙烯酸盐的性能研究. 湘潭大学自然科学学报, 1984, 1: 94-99.

[50] 王文华, 熊元, 孙锐锋, 等. 抗旱保水剂和缓释肥料在公路边坡香根草种植中的应用. 贵州农业科学, 2006, 34(z1): 70-71.

[51] 杜太生. 保水剂在节水灌溉中的应用及其对作物生长和水分利用的影响. 杨凌：西北农林科技大学, 2001.

[52] Zhao W, Cao T, Dou P, et al. Effect of various concentrations of superabsorbent polymers on soil particle-size distribution and evaporation with sand mulching. Scientific Reports, 2019, 9(1): 3511.

[53] Chen P, Zhang W A, Luo W, et al. Synthesis of superabsorbent polymers by irradiation and their applications in agriculture. Journal of Applied Polymer Science, 2004, 93(4): 1748-1755.

[54] Mudiyanselage T K, Neckers D C. Highly absorbing superabsorbent polymer. Journal of Polymer Science Part A: Polymer Chemistry, 2008, 46(4): 1357-1364.

[55] 彭毓华, 李广华, 任敬福. 超吸水树脂 —— 农用新型保水剂. 山西化工, 1988, (4): 49-51.

[56] Cook D F, Nelson S D. Effect of polyacrylamide on seeding emergence in crust-forming soils. Soil Science, 1986, 141(5): 328-333.

[57] 黄占斌, 万会娥, 邓西平, 等. 保水剂在改良土壤和作物抗旱节水中的效应. 土壤侵蚀与水土保持学报, 1999, (4): 52-55.

[58] Raju K M, Raju M P, Mohan Y M. Synthesis of superabsorbent copolymers as water manageable materials. Polymer International, 2003, 52(5): 768-772.

[59] 徐金印, 罗亦云, 孙全先, 等. 几种土壤结构改良剂的制备及其效用. 土壤学报, 1984, 21(3): 320-323.

[60] 蔡典雄, 王斌瑞, 王百田, 等. 保水剂在林果业上的应用试验. 西北园艺, 2000, (6): 12-13.

[61] 高凤文, 罗盛国, 姜佰文. 保水剂对土壤蒸发及玉米幼苗抗旱性的影响. 东北农业大学学报, 2005, 36(1): 11-14.

[62] 汪亚峰, 李茂松, 宋吉青, 等. 保水剂对土壤体积膨胀率及土壤团聚体影响研究. 土壤通报, 2009, (5): 1022-1025.

[63] 崔英德, 郭建维, 阎文峰, 等. SA-IP-SPS 型保水剂及其对土壤物理性能的影响. 农业工程学报, 2003, (1): 28-31.

[64] 刘瑞凤, 张俊平, 郑欣, 等. PAM-atta 复合保水剂对土壤物理性质的影响. 土壤, 2006, 38(1): 86-91.

[65] 曹丽花, 刘合满, 赵世伟. 不同改良剂对黄绵土水稳性团聚体的改良效果及其机制. 中国水土保持科学, 2011, (5): 37-41.

[66] 何绪生, 黄培钊, 廖宗文, 等. 保水缓释氮肥水分状态与吸持特征研究. 农业工程学报, 2006, 22(11): 10-15.

[67] 陈宝玉, 王洪君, 滕轶, 等. 保水剂对土壤温度和水分动态的影响. 中国水土保持科学, 2008, (6): 32-36.

[68] 陈海丽, 吴震, 刘明池. 不同保水剂的吸水保水特性. 西北农业学报, 2010, 19(1): 201-206.

[69] 李俊颖. PAM 对沙质土壤持水性的效应研究. 重庆: 西南大学, 2009.

[70] 张蕊, 白岗栓. 保水剂在农业生产中的应用及发展前景. 农学学报, 2012, 2(7): 34-42.

[71] 李章成. 保水剂对水土流失及土壤可蚀性因子的影响. 重庆: 西南农业大学, 2005.

[72] 宗萍萍. 不同旱作保水措施对龙廷杏梅产量和品质的影响研究. 泰安: 山东农业大学, 2007.

[73] Abrisham E S, Jafari M, Tavili A, et al. Effects of a super absorbent polymer on soil properties and plant growth for use in land reclamation. Arid Land Research and Management, 2018, 32(4): 407-420.

[74] 黄震, 黄占斌, 李文颖, 等. 不同保水剂对土壤水分和氮素保持的比较研究. 中国生态农业学报, 2010, 18(2): 245-249.

[75] 宋光煜, 黄智玉, 赵红霞. VaMa 树脂在保水改土中的效应研究. 中国水土保持, 1988, (5): 24-27.

[76] 刘世亮, 寇太记, 介晓磊, 等. 保水剂对玉米生长和土壤养分转化供应的影响研究. 河南农业大学学报, 2005, 39(2): 146-150.

[77] 钟朝章, 张淑光, 侯晖昌. 用泰来水晶保水剂加速侵蚀劣地绿化的试验研究. 中国水土保持, 1990, (9): 33-36.

[78] Nating M, Lay K K. Evaluating the Effects of super absorbent polymers (SAPs) on growth of eggplant. International Journal of Science and Research, 2017, 6(4): 892-895.

[79] 李本刚, 范玉曼, 张严丹, 等. 聚丙稀酸钠/纳米纤维素晶体 -g- 聚丙烯酰胺复合高吸水性树脂的制备与表征. 高分子材料科学与工程, 2018, 34(7): 156-161.

[80] 任岩岩. 营养型抗旱保水剂对冬小麦根际微生物的影响. 开封: 河南大学, 2009.

[81] 王强. 土壤保水剂研究进展. 山西水土保持科技, 2009, (4): 9-11.

[82] 白文波, 宋吉青, 李茂松, 等. 保水剂对土壤水分垂直入渗特征的影响. 农业工程学报, 2009, (2): 18-23.

[83] 田巍, 白福臣, 李天一, 等. 高吸水树脂的发展与应用. 辽宁化工, 2009, 38(1): 38-42, 45.

[84] de Barros A F, Pimentel L D. Super absorbent polymer application in seeds and planting furrow: It will be a new opportunity for rainfed agriculture. Semina Ciéncias Agrárias, 2017, 38(4): 1703-1714.

[85] 杨文哲. 济南城区雨水资源化技术方案研究. 济南: 山东建筑大学, 2011.

[86] 邓仰杰. 济南市城区水环境治理问题研究. 济南: 山东大学, 2014.

[87] 万凯. 济南市城市雨水收集和利用的研究. 济南: 山东大学, 2009.

[88] 孙青言. 济南市区水资源供需分析及合理配置研究. 济南: 山东大学, 2011.

[89] 陈文艳. 济南东部城区水资源配置及泉水位模拟研究. 济南: 山东大学, 2010.

[90] 宋苏林. 济南市中心城区水资源优化配置及泉流量模拟研究. 济南: 山东大学, 2010.

[91] 温超. 济南周边地区主要土壤类型. 济南: 山东大学, 2010.

[92] 孙军. 济钢集团有限公司周边土壤中的重金属污染分析. 济南: 山东大学, 2011.

[93] 秦乐. 济南市南部山区立地类型划分与工程造林关键技术研究. 杨凌: 西北农林科技大学, 2009.

[94] 张程槊, 方江平, 冯磊. 干旱半干旱地区生态水文研究综述. 湖南农业科学, 2014, (17): 35-37, 41.

[95] 刘建平, 陈劼. 土壤水吸力传感器在灌区墒情数据自动化采集系统中的应用. 水利水文自动化, 2002, (1): 35-36.

[96] 周炼, 张美. 屋顶花园自动节水灌溉系统应用研究. 安徽农业科学, 2009, 37(29): 14485-14487.

[97] 穆珂馨, 赵振良, 孙桂清. 全封闭循环海水工厂化养殖水处理系统效果研究. 河北渔业, 2012, (2): 19-20, 46.

[98] 刘武艺. 城市水生态雨洪利用模式研究. 武汉: 武汉大学, 2005.

[99] 陈宝玉, 王洪君, 曹铁华, 等. 干旱胁迫下保水剂对廊坊杨苗木光合性能的影响. 土壤通报, 2011, 42(1): 163-168.

[100] D. 希勒尔. 土壤和水 —— 物理原理和过程. 华孟, 叶和才, 译. 北京: 农业出版社, 1981.

[101] 杨浩, 王百田, 岳征文, 等. 应用保水剂对黄绵土水分特征的影响研究. 水土保持研究, 2011, 18(3): 182-186.

[102] 刘自菊. 保水剂在苹果栽培中的应用技术. 甘肃科技, 2012, 28(10): 145-146.
[103] 陈宝玉. 保水剂节水机理及其抗旱造林效果研究. 保定：河北农业大学, 2004.
[104] 高凤文, 胡志凤, 陈秀波. 我国土壤保水剂的研究进展. 北京农业, 2011, (6): 89-90.
[105] 李悦. 生活垃圾填埋场渗滤液回灌处理技术研究. 西安: 长安大学, 2008.
[106] 姜凌. 利用土壤层净化城市雨水人工补给地下水的研究. 西安: 长安大学, 2002.
[107] 张沛沛. 屋面雨水水质处理与地下水化学动态变化研究. 济南：济南大学, 2011.
[108] 孙小滨. 济南市屋面雨水水质变化与砂柱处理试验研究. 济南：济南大学, 2010.
[109] 李梅, 于晓晶. 济南市雨水径流水质变化趋势及回用分析. 环境污染与防治, 2008, (4): 98-99, 102.
[110] 张克峰, 隋涛, 陈淑芬. 济南城区雨水水质特性分析. 灌溉排水学报, 2008, 27(5): 119-121.
[111] 陈晓华. 河流污水土地处理试验研究. 南京：河海大学, 2006.
[112] 李静. 城市垃圾填埋场渗滤液回灌处理技术研究. 西安: 长安大学, 2009.
[113] Kang I S, Park J I, Singh V P. Effects of urbanization on runoff characteristics of the On-Cheon Stream watershed in Pusan, Korea. Hydrological Processes, 1998, 12(2): 351-363.
[114] Mitchell V G, Mein R G, McMahon T A. Modelling the urban water cycle. Environmental Modelling and Software, 2001, 16(7): 615-629.
[115] Wanielista M D. Storm Water Management. New York: ANN ARBOR Science Publishers, 1979: 133-149.
[116] Ristenpart E. Planning of stormwater management with a new model for drainage best management practices. Water Science and Technology, 1999, 39(9): 253-260.

索　引

W

X

Y

Z